U0385671

地下水
污染治理技术

李保安　张立红　刘　军　等编著

化学工业出版社

·北京·

内容简介

　　《地下水污染治理技术》首先对地下水的存在形态及动态规律、地下水污染方式及特征、地下水污染危害及地下水污染修复进行了概述；分章介绍了突发性应急污染控制和中长期修复方法，并从经济、时效、环境、操作及社会效益等方面进行了评价；对国内外成功案例的重要信息进行了汇总，以便工程技术人员进行检索，同时对典型案例进行了详细介绍，并根据地下水污染情况分别给出了应急修复建议和中长期修复建议；常规地下水水质监测和检测方法以及地下水质量标准等也收编在相应章节和附录中。

　　本书可供从事地下水研究，地下水水质监测、检查、评价和管理，地下水污染防治与修复的广大科技和管理人员等参考。读者通过阅读本书可获得对地下水的初步认识，可了解地下水污染与治理中常用的修复技术，同时本书可用于指导实际的地下水修复工程。

图书在版编目（CIP）数据

　　地下水污染治理技术/李保安等编著. —北京：化学工业出版社，2021.9（2022.6 重印）

　　ISBN 978-7-122-39111-7

　　Ⅰ.①地… Ⅱ.①李… Ⅲ.①地下水污染-污染防治 Ⅳ.①X523.06

　　中国版本图书馆 CIP 数据核字（2021）第 087344 号

责任编辑：马泽林　徐雅妮　　　　　　　　　　装帧设计：关　飞
责任校对：李　爽

出版发行：化学工业出版社（北京市东城区青年湖南街 13 号　邮政编码 100011）
印　　装：北京虎彩文化传播有限公司
710mm×1000mm　1/16　印张 11¾　字数 211 千字　2022 年 6 月北京第 1 版第 2 次印刷

购书咨询：010-64518888　　　　　　　　　售后服务：010-64518899
网　　址：http://www.cip.com.cn

定　　价：88.00 元

序

水是大自然不可代替的资源，是人类生存和发展的命脉，地下水更是地球整个生态系统的血液，是自然界宏观水循环的主要组成部分。在人类向大自然的过度索取中，地下水即是主要的"受害者"之一；不仅如此，更为雪上加霜的是地下水的严重污染。

地下水的污染，除了自然污染源之外，工农业和生产生活的排污排废，以及不合格的补给水，成了当前危害最大的污染源。这些人工污染的影响是复杂的、大面积的、长期的，后果是很严重的。目前我国城市90％的地下水受到污染，每年因污染而造成的经济损失高达400多亿元。地下水一旦受到污染，则其修复工程具有长期性，很难实现完全修复，会对生态、环境、健康造成长久而深远的影响。

本书的编写汇总了国内外在地下水污染防治与研究方面的重要成果，对地下水的存在形态、污染问题、监测方法和修复工程等理论与实践进行了系统介绍和分析。对从事地下水污染应急处理和中长期修复工作的工程、科技和管理人员，以及大专院校师生都有重要的指导作用和参考价值。

王世昌

2021.1

前　言

随着国民经济的迅速发展，工业等领域取得了巨大的成就，但由于环保意识不强及制度法规的不完善，导致了对生态环境，尤其是地下水的污染破坏，从而对国民经济及人民的身体健康造成了危害。为了适应新形势及构建人与自然更加和谐的环境，加强对地下水污染与防治的研究与管理已成为日益重要的问题。

为方便广大读者及科研工作者在新形势下，开展对地下水的研究、治理及修复等工作，特编写本书，以期读者在地下水治理与修复过程中可查阅及对照相关的情况，起到参照指导的作用。

本书主要围绕地下水污染修复展开，共有 5 章。前三章内容由张立红、李佳鑫等编写，其中第 1 章全面介绍了地下水的存在形态、污染与控制，以及修复技术等；第 2 章系统介绍了地下水的监测及检测方法；第 3 章全面介绍了地下水污染修复技术，从不同角度（包括经济、时效、环境、操作等方面）对各种修复技术进行评价。第 4 章由李保安、刘军、李佳鑫、陈兴业等编写，用大量篇幅介绍了国内外有机和无机污染地下水修复工程的典型案例，主要包括美国加利福尼亚州、纽约、得克萨斯州等多个复杂污染案例的成功修复工程，以及我国北京、上海等修复工程的重要经验；第 5 章由李保安、刘军编写，对复杂地下水污染修复提出诸多重要建议；附录部分由刘军、陈兴业、李佳鑫编写，并以大量篇幅附以地下水采样要求、地下水质量标准和所有检索到的地下水污染修复案例简要信息汇总表等；全书由王世昌、刘雅甜、李希鹏等校核和审定。

在本书的编写过程中，得到了有关单位和个人的大力支持，在此表示感谢。同时对本书所引用资料的所有作者、单位及有关人员在此一并致谢。最后感谢国家自然科学基金（No. 21656001）对本书出版的资金支持。

由于地下水修复问题的复杂性，编著者经验上的不足且时间仓促，疏漏之处在所难免，热切期望广大读者批评指正。

编著者

2021 年 1 月

目 录

附录　138

第1章
地下水修复概述

1.1 地下水存在形态及动态规律

1.1.1 地下水概述

通常把埋藏于地表以下岩土的孔隙、裂隙、溶隙中的各种状态的水，统称为地下水。岩石中孔隙的数目、形状、连通情况对地下水的分布和运动有重要影响。岩石中的地下水以气态、液态和固态三种形式存在。岩层按其渗透性可分为透水层和不透水层，如砂岩、砾岩及裂隙发育的岩石可构成透水层；泥岩、黏土层等组成不透水层。根据地下水渗透岩土的相对状况可将岩层分为含水层、隔水层和半隔水层（弱透水层）。

地下水的分类方法很多，可根据地下水的单一特征，如地下水的起源、矿化程度、含水介质等进行分类；也可根据地下水的综合特征，如以地下水的埋藏条件为主要特征进行分类，最为常见的分类方法是将地下水埋藏条件和含水层介质类型两者结合进行分类。

根据地下水在岩层中的埋藏条件，地下水可分为上层滞水、潜水和承压水，后两者属饱水带水，地下水面以上的岩层称作包气带（即非饱和带），此带中除水以外，还存在气体；地下水面以下的部分称作饱水带（即饱和带），饱和带岩土中的空隙充满了水，如图1.1所示。根据污染物在水中的溶解性，可将地下水分为水相和非水相。

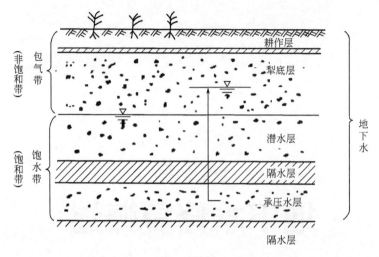

图 1.1　地下水结构示意[1]

　　饱含地下水的透水层称为含水层，含水层是能够透过并给出相当数量水的岩土层，可以贮水，而且水可以在其中运动。相反，隔水层是不透水的岩层，可以含水也可以不含水，隔水性能比较高。

　　饱水带中岩石空隙全部被液态水充满，有重力水，也有结合水。饱水带中的水体是连续分布的，能够传递静水压力，并且在水头差的作用下，能够发生连续运动。饱水带中的重力水是开发利用或排泄的主要对象。

　　包气带是饱水带与大气圈、地表水圈联系的必经通道。饱水带通过包气带获得大气降水和地表水的入渗补给，同时又通过包气带的蒸发与蒸腾作用，将这些水排泄到大气中参与水循环，如图 1.2 所示。

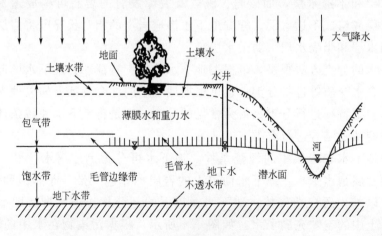

图 1.2　包气带和饱水带[2]

　地下水污染治理技术

包气带中，因为岩石空隙没有充满液态水，所以还包含空气及气态水。在该带主要分布有气态水、结合水、毛管水以及过路或下渗的重力水。包气带中空隙壁面吸附有结合水，细小空隙中含有毛细水，未被液态水占据的空隙中包含空气及气态水。空隙中的水超过吸附力和毛细力所能支持的量时，便会以过路重力水的形式向下运动。上述以各种形式存在于包气带中的水统称为包气带水。当有局部隔水层存在时，也可能形成暂时的含水层。

　　包气带水是存在于包气带中以各种形式出现的水，是一种局部的、暂时性的地下水。其中既有分子水、结合水、毛细水等非重力水，也有属于下渗的水流和存在于包气带中局部隔水层上的重力水（又称上层滞水，参见图1.3）。

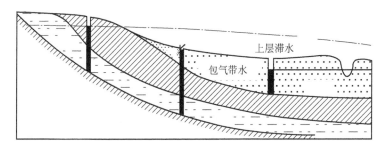

图 1.3　地下水埋藏示意[2]

　　潜水是指埋藏在地表以下、隔水层以上、第一层较稳定的具有自由水面的重力水（它的上部没有连续完整的隔水顶板，潜水的水面为自由水面，称为潜水面，参见图1.4）。

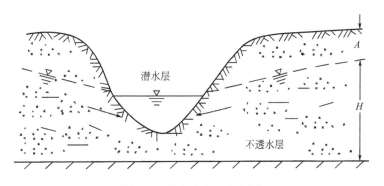

图 1.4　潜水含水层示意[2]

　　承压水是指充满于地表以下任意两个隔水层或弱透水层之间，具有承压性质的重力水，如图1.5所示。承压含水层的上下两个隔水层（或弱透水层）分别叫做隔水顶板和隔水底板，两者之间的距离称为承压含水层的厚度。

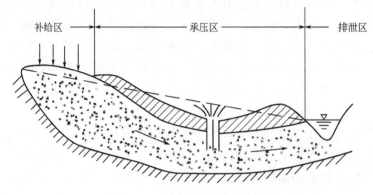

图 1.5 承压含水层示意[2]

1.1.2 地下水的运动

地下水的存在形式决定了其运动特征，地下水存在于岩石的孔隙、裂隙和溶洞中，并在其中运动。受岩石中孔隙和裂隙的形状、大小、连通性等因素控制，运动情况非常复杂，在不同部位运动状态各不相同。

基于对岩石内液体的平均运动的大量研究，地下水的运动以及其中污染物的迁移运动规律，已有相关的理论，包括水动力弥散理论、达西定律等，从而可建立相应的数学模型从理论上进行研究，对地下水的运动和污染物的分布等进行理论预测，可对实际的地下水修复工程提供指导。地下水在孔隙岩石（如砂层、砾石层）、裂隙岩石等介质中的运动称为渗流。渗流的基本规律是达西定律，天然地下水的运动大多数都服从该定律[3]。地下水是自然界水循环的重要组成部分，可分为地下水的补给、径流和排泄三个基本环节。地下水的补给来源可分为大气降水、地表水、凝结水、含水层之间以及由于某些人类活动（如水库、工农业废水、灌溉水等）造成的地下水补给。其中大气降水和地表水为地下水的主要补给来源。

地下水由补给处流向排泄处的过程称为径流。除某些特殊环境之外，地下水经常处在不断径流之中，对地下水径流的研究主要包括径流方向、径流强度、径流条件及径流量。径流是连接补给与排泄的中间环节，将地下水的水量与盐量由补给处传输到排泄处，从而影响含水层或含水系统水量和水质的时空分布[4]。

地下水的排泄是指含水层失去水量的过程，在排泄过程中，含水层的水质也发生相应变化。对含水层的排泄研究包括排泄去路及方式、影响排泄的因素及排泄量。地下水可通过多种方式实现排泄过程，如泉水、河流、蒸发以及向其他含水层的排泄等。

地下水的水位、水量、水质、水文等要素随时间变化是一个动态的过程，由于各种因素的影响，地下水与外界不断地进行着物质、能量的交换，处于不断调整和平衡过程中。地下水均衡是指某时间段内某地区地下水水量的变化情况[5]，在一段时间内会达到一个相对稳定的均衡期。

地下水动态研究十分必要，对开发利用地下水或地下水防范措施的部署具有重要的指导意义，影响地下水动态的因素有很多，包括气候、水文、地质以及人类活动等，地下水均衡则是水资源评价的根本依据。

1.2 地下水污染方式与特征

1.2.1 地下水污染物

随着工农业的不断发展，地下水正面临着日益严重的污染。地下水中污染物质种类繁多，主要包括合成有机化合物、碳氢化合物、无机阴离子、无机阳离子、病原体（大肠杆菌等）、热量以及放射性物质等。这些物质中，溶解于水的物质被称为溶质，而溶解度非常小或几乎不溶于水的物质被称为非水相（重的非水相即 DNAPLs 和轻的非水相即 LNAPLs）。溶质随地下水转移，而非水相物质和水组成二相流或多相流。污染物质在随地下水渗流过程中经历着复杂的物理、化学和生物作用。

影响地下水化学成分的因素有很多，包括自然地理、地质、水文、物理化学、生物、人为因素等。地下水中的化学成分会发生众多的相互作用，包括浓缩、溶滤、混合、生物化学作用等。岩石和土壤中可能含有多种放射性元素，这些物质会造成地下水的放射性污染。

现将常见的地下水污染物种类简述如下[6]。

1）金属及类金属污染物：包括汞、镉、铬、铅、砷、硒等，这些物质都具有毒性，其他如铁、钙、镁、钼、钴、镍等金属属于人体必需元素，但是也都会在摄入量达到一定值时，对人体健康造成不同程度的损害。

2）无机物污染物：包括酸、碱、盐、各种阴离子（氟离子 F^-、亚硝酸根 NO_2^-、硝酸根 NO_3^-、硫酸根 SO_4^{2-}、磷酸根 PO_4^{3-}、硅酸根 SiO_3^{2-}、硫氢离子 HS^-、氰离子 CN^- 等）。

3）有机污染物：包括酚类、醛类、芳香烃、多环芳烃、农药、多氯联苯、洗涤剂、各种耗氧有机物（蛋白质、脂肪、木质素等）等。

4）放射性污染物：放射性物质进入人体会逐渐积累，主要是通过放射线的电离作用对人体健康造成危害。

5）微生物污染物：包括各种细菌、病菌、病毒和寄生虫等。

6）其他污染物：如石油等。

地下水中的污染物类别繁多，本书将其分为有机污染和无机污染两大类，其中有机污染源包括烷烃、卤代烃、含氧烷烃衍生物、其他复杂有机物；无机污染源包括无机盐类、无机酸碱类、氧化物以及重金属污染。

1.2.2　地下水污染方式

造成地下水污染的情况，主要是由于人类的某些活动，如工农业生活废水等排入地下水所导致的。地下水具有一定的自我修复能力，当污染物浓度不是很高时，地下水可以通过自净作用，将污染物清除，使地下水恢复到原来的状态。但是当污染物的浓度超过一定的范围后，地下水就会不断恶化。

造成地下水污染的原因可分为自然因素和人类活动两大类，污染源相应地可分为自然污染源和人为污染源，其中自然污染源包括环境地质源、自然灾害源；人为污染源包括排放废物的污染源，贮藏、处理与处置废物的污染源，运输过程中的污染源等。这些污染源有的可通过加强监管、出台相关法规进行控制，但由于实际的污染源分布广泛，有的污染源难以监管，致使地下水污染事件频发。

污染源的分类也可根据产生污染物的地点、场所等进行分类，如工业废水存储地污染源、化工原料及产品堆放污染源等。还可根据污染源的几何特征进行分类，如点污染源、线污染源和面污染源。

地下水污染主要是受到污染源的直接污染，也有可能是污染物从别处随地下水迁移或与土壤中的物质发生相互作用而导致的间接污染。在地下水的迁移、转换过程中，污染物与地下水体之间会发生复杂的物理、化学、生物作用。包括地下水中的混合、稀释、凝聚、物理吸附、沉淀、机械过滤、弥散等的物理作用；酸化、碱化及中和作用，氧化和还原、沉淀与溶解、化学吸附与解吸、络合及絮凝等化学作用等；以及微生物吸附、衰亡和分解作用，放射性元素衰变作用等生物过程。

污染物从污染源进入地下水的路径称为地下水污染途径。根据林年丰[7]的著作，由地下水污染的入渗特点，可将地下水的污染途径分为间歇入渗型、连续入渗型、越流入渗型、径流入渗型。

1.2.2.1　间歇入渗型

地表堆放的固体废物、表层土壤或地层中的有害物质，经大气降水等淋滤作用，周期性地从污染源通过包气带渗入含水层，主要污染对象是潜水。污染源包括垃圾填埋坑、盐场、饲养场、化工石油产品堆放场等，地下水污染程度受污染源中污染物的种类性质、下渗水量、包气带岩层的厚度及结构等因素控制，如图1.6所示。

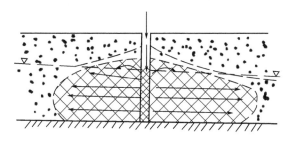

通过渗坑、渗井等排放而直接污染含水层

图1.6 地下水间歇入渗型污染示意[1]

1.2.2.2 连续入渗型

污染物随污水或污染溶液从污染源连续不断地渗入含水层，主要污染对象多为潜水，如图1.7所示。污染源种类众多，常见的是废水坑、污水渗坑、沉淀池、排污水库、污水管或渠的渗漏等。包气带完全饱水，呈连续渗入的形式；或包气带上部饱水，呈连续渗入的形式，而下部不饱水，呈淋雨状渗入含水层。

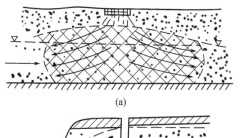

由入渗水载带的地面污染物经非饱和带或通过岩层侧向补给而进入承压水

(a)

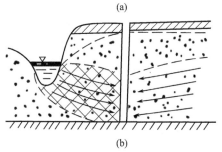

当废水排入地面后，污染的地面水可通过包气带进入潜水含水层或少数深层潜水

(b)

图1.7 地下水连续入渗型污染示意[1]

上述两种途径的共同特点是污染物都是自上而下通过包气带进入含水层。

污染液经过包气带时，由于地层的过滤吸附作用，地下水的污染程度受包气带的地质结构、物质成分、厚度及渗透性等控制。

1.2.2.3 越流入渗型

越流入渗型的途径包括地下水开采引起的层间越流、水文地质的越流和经井管的越流，如图 1.8 所示。污染物通过层间越流的形式转移进其他含水层，或通过人为途径（结构不合理的井管、破损的老井管等），或者是因开采引起的地下水水动力条件的变化而改变了越流方向，使污染物通过大面积的弱隔水层越流转移到其他含水层，其污染源可能是地下水环境本身的，也可能是外来的，可能污染承压水或潜水。污染范围随地下水流速的增大而扩大，可延伸很远的距离，造成大片的地下水污染。

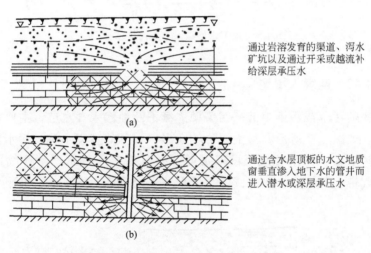

通过岩溶发育的渠道、污水矿坑以及通过开采或越流补给深层承压水

(a)

通过含水层顶板的水文地质窗垂直渗入地下水的管井而进入潜水或深层承压水

(b)

图 1.8　地下水越流入渗型污染示意[1]

1.2.2.4 径流入渗型

污染物通过地下径流的形式进入含水层，进入的通道可能是废水处理井、岩溶发育的巨大岩溶通道等，如图 1.9 所示。当海岸地区地下淡水超量开采而造成海水向陆地流动时会导致海水入侵型地下径流，可能污染潜水或承压水。污染程度同样取决于沿岸岩石的地质结构、水动力条件等因素。

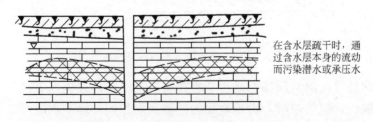

在含水层疏干时，通过含水层本身的流动而污染潜水或承压水

图 1.9　地下水径流入渗型污染示意[1]

1.2.3　地下水污染特征

地下水污染呈现复杂性，涉及的污染物质种类繁多，由于是在地下，又涉及水文地质情况，地下水的流动本身具有复杂性，而在其中的污染物又随地下水迁移，导致地下水污染的范围较大，涉及面广。

随着现代社会的发展，创造出了大量新的化学物质，而所有这些物质都有进入地下水的可能。当某种物质的浓度超过一定的范围后，就对地下水构成了污染。根据其化学性质可分为合成有机化合物、碳氢化合物、天然阴离子、天然阳离子、病原体、热量以及放射性物质等；根据其溶解性又可将其分为水相和非水相，非水相污染物质引起的污染问题越来越严重。除了传统的化学污染外，地下水热污染、放射性污染、细菌污染等问题也越来越严重。

如上节所述，导致地下水污染的污染源众多，分布广泛，污染物可通过多种途径进入地下水中，加之地下水本身的运动异常复杂，使得对地下水污染情况的调查十分困难。在实际的修复工程中，某些场地污染源明确，可方便开展相应调查研究，而某些场地的污染物质可能是随着地下水迁移，受限于水文地质情况，或聚集在某处形成污染池或随机分布，这些不确定因素都对修复工程的施工造成了阻碍。

地下水中的污染物在随地下水迁移的过程中可能会发生相互作用，也可能会与岩石裂隙中的矿物质或其他物质发生化学反应，从而导致地下水污染修复的复杂性和综合性，对地下水污染物的检测也增加了难度。地质结构对地下水的修复有重要的影响，因此对地质结构的测定同样重要，地质结构的确定往往比较复杂，在地下水的治理过程中，需要确定污染羽的迁移路径，地质结构测定的难度对污染羽迁移路径的确定和修复工程的施工布置都产生了重要的影响[8]。

由于地下水污染物质往往不是单一的，组成十分复杂，受地形条件和监测检测技术的限制，或者由于污染物的浓度太低，有的污染物难以检测出来，这些因素使得地下水污染具有隐蔽性的特点。地下水污染问题往往是多种污染源、污染物质、污染类型的综合，地下水污染具有长期性，一旦受到污染，很难实现完全修复，相应的修复工程也具有长期性，对生态和人体健康造成长久、深远的影响[9]。

本书将地下水污染分为有机污染和无机污染两大类，其中有机污染源包括烷烃、卤代烃、含氧烷烃衍生物、其他复杂有机物；无机污染源包括无机盐类、无机酸碱类、氧化物以及重金属污染。主要涉及地下水污染中的化学污染，化学污染具有区域性特征，且在超过地下水的自净能力后会长期存在，治理困难，危害巨大，可对人体健康带来直接的危害。

1.2.4　地下水污染危害

地下水是水资源的重要组成部分，对现代社会的发展至关重要，对维持良好的水循环、保障生态系统的正常运转具有突出的作用。随着社会的发展，人类在科学技术领域等多方面取得了巨大的进步，由于初期缺乏对自然环境保护的意识，对人类与自然关系的理解不够全面、深刻，导致了对自然环境的破坏，包括大量灭绝性的开采和不计后果的开发，以及一些科学技术的不正确使用，其中就包括对地下水的污染问题。

国内外关于地下水污染还没有一个明确的定义，但在总体认识方面是一致的，地下水污染会对经济环境造成巨大的危害，积极开展相应的地下水修复技术研究具有重要的理论和实践意义。

张永波等[10]在《地下水环境保护与污染控制》中指出地下水污染是指由于人类活动使地下水的物理、化学和生物性质发生改变，从而限制或妨碍了它在各方面的正常应用。地下水污染可分为突发性和长期性的地下水污染事件，突发性的地下水污染事件往往伴随着大量的不确定性的污染物的泄漏，造成地下水在短时间内污染物的浓度急剧上升；而长期性的地下水污染事件往往是由于疏于监管或某些不易察觉的污染源所导致的，无论哪种地下水污染事件都会对周围环境造成严重的危害。

凡是对地下水水质造成不良影响的物质都可称作地下水污染物。可以从不同角度对地下水污染物进行分类，如按照理化性质、形态等。随着现代社会的发展，地下水热污染和放射性污染问题也逐渐增多，但化学污染由于其影响时间和范围的深度和广度都很大，仍然是主要的污染方式。本书将地下水污染分为有机污染和无机污染两大类，并在第4章中按照这种分类进行了案例的汇总和分析。

地下水污染的危害十分巨大，不仅会对饮用水源造成污染，从而可能导致某些疾病的发生与传染；而且对农业生产耕作的进行、粮食作物的安全保障等都会产生不利的影响。地下水中的污染物质（如重金属元素等）可能会在生物体内富集，并沿着食物链传递到人体内，对人的生命健康造成威胁。地下水热污染会产生因水中缺氧致使水生生物全部死亡的灾难性后果。污染物进入地下水不仅改变了原有的物质组成，同时在参与能量物质循环的过程中，会破坏生态平衡，造成严重的后果。

地下水污染带来的经济损失是十分巨大的，据调查，我国每年因污染而造成的经济损失多达400亿元，有关资料表明，城市70%～80%的浅层地下水、30%的深层地下水已被污染，90%的城市地下水受到污染，地下水环境污染已呈现由点向面、由城市向农村扩展的趋势。全国大部分城市的地下水存在被污染的问题，且污染面积在增大，污染的趋势在加快，对生态环境造成了恶劣的影响。

由于多种因素的影响，受污染的地下水很难完全修复，为了达到修复目标，有时需要多种修复技术的联合使用，这些大型的修复工程会对场地周边的生态环境造成不可逆的损害，有可能会改变场地原有的地形地貌及水文地质结构。

如前所述，地下水中的污染物种类繁多，污染物在随地下水迁移的过程中有可能会发生化学反应，如酸化、碱化、氧化与还原，以及物理的吸附与溶解、络合及螯合、化学吸附与解吸、沉淀与溶解等。地下水中的污染物还可能在微生物的作用下发生分解，及对微生物系统造成损害等。

1.2.5 地下水污染修复原则

导致地下水污染的因素，往往是各种污染物和污染途径综合作用的结果，而不仅仅是单一的影响因素。在进行污染修复时，应分清主次，通过详细的地质勘测和情况了解，抓住主要的污染途径，确定修复方案的优先考虑问题，合理布置修复设施，达到最佳的修复效果。另外，由于浅水层更接近于地表，受地质条件及人类活动的影响，潜水含水层比承压含水层污染的可能性更大，因此，更应及早引起重视。

地下水污染修复可简单分为突发性应急控制与长期修复两类，本小节所述内容主要是针对突发性的地下水污染事故，本书第 3 章重点介绍了地下水污染修复常见的各种修复技术。

针对突发性的地下水污染事故，应开展应急性、暂时性的处理，以避免污染物的进一步扩散，将污染事故的影响降到最低，最大限度地保护周围环境生态的利益。在污染现场进行处置时，需查明污染物的种类，对相应污染物的理化性质有足够的了解，同时应考虑修复物质的成本及修复效果，对环境的影响以及后期处理的难度等。为达到最优的处理效果，需要成立应急处置小组，由相关领域的专家、有突发事件处理经验的技术人员等组成，并应积极利用各种突发事件处置资源，包括专门的数据库以及相关部门的配合，将污染物以最高效的方式收集和清理，防止污染的进一步扩散。

在现场处置之后，也即在污染情况得到控制之后，应及时对突发性的污染事故展开详细的调查，查明事故发生的具体原因，对事故造成的损失以及影响，包括对生态环境、地下水以及周边人畜的影响作出详细的调查报告。重点需查明污染物的种类、数量、污染现场的水文地质情况等，之后应立即将相关信息反馈给应急小组，针对污染现场的情况，讨论相应的长期治理方案。

在长期地下水修复中，需考虑的方面更为复杂，针对修复场地的水文地质和受污染情况的不同，在综合考虑修复效果、环境影响、施工成本等各因素后，优选修复技术，在修复工程实施后，需对场地的污染情况进行监测，以对修复技术进行评价，并适时调整修复工程的进行，在修复结束后，需评估修复工程对周边生态环境的影响，对可能产生的风险进行评估，并采取相应的应对措施。

1.2.6 地下水污染修复技术

国外在 20 世纪 70 年代以来在地下水污染治理方面取得了较大进展，在实际的工程应用中，也已经开发完善了相关的修复技术，我国在地下水污染治理技术及应用方面开展较晚，发表的地下水修复文献也较少，故本书案例部分多采用国外案例，但地下水修复具有共通性，通过对国外案例的分析研究，有助于我国地下水修复技术的发展，并可以参考其优良之处用于国内的修复工程中。

随着人们对地下水污染问题的重视，相应的研究得到了广泛的开展，对导致地下水污染的污染源、地下水污染的途径、地下水的迁移等方面的理论和知识不断完善，相应的污染地下水修复技术也得到了广泛的研究。

国内外学者对污染物在地下水中的迁移运动规律等进行了大量的实践和理论研究，并提出了相应的数学模型，但这些模型往往过于理想化，与实际过程相比对地下水污染物的预测不够准确，故现在的修复工程多根据以往经验进行指导，亟待更加实用准确的理论模型的提出。现有的技术大多是针对某些特征污染物结合特定的地形进行修复。

主要修复技术包括依赖自然微生物、植物等进行代谢分解的修复技术如生物修复法、自然修复法、植物修复法及工业遗产与绿地交织修复法等，人工干预修复技术如渗透性反应墙技术、抽提技术、氧化还原技术、空气蒸汽注射技术、循环井工艺等，或根据现场情况将多种修复技术组合使用以提高修复效果。

地下水修复通常所需的时间较长，可能会需要几年甚至几十年的时间，这就要求相应的修复技术和设备要有足够的耐受力，能够满足修复工程的需要。通常地下水修复的代价极其昂贵，故应加强对地下水污染的控制和预防，以及相应的监管措施，加强安全教育和完善检查制度，减少突发性污染事件的发生。

地下水污染通常是和土壤污染相生相伴的，所以地下水污染的修复需要同时考虑地下水和土壤的相互作用，在相应的修复技术中就需要考虑土壤的因素，需要研究污染物在土壤和地下水中的迁移和运动规律，但这方面存在着很多的不确定因素，人们对溶质在地下水中的弥散机理和各种化学反应过程的了解也还不够详细，使得地下水污染的治理更为困难。

在地下水污染修复中，首先需要考虑的问题是针对污染场地，是采用永久隔离的方式进行治理，还是先实施暂时性的隔离措施。需要确定地下水受污染的程度，由此决定是否需要治理，以及安排相应的修复方案。然后就是对污染场地进行详细的考察，主要是地质和水文情况；之后是污染物的确定，以及在地下水中的分布情况，污染羽的扩散路径，污染面积等问题。其次需要确定污染源。最后需要综合各个因素，包括对原地形地貌的影响、修复时间、修复成本等问题，制订相应的修复方案。在修复工程开始后，还必须实时监测地下水中污染物的浓度等情况，及时调整和评价修复技术，以取得最佳的修复效果。

由于地下水污染往往是多种污染物的综合污染，污染物可分为有毒性的和无毒性的，由此需确定不同的修复方案，看是否需要采取应急措施。根据地下水污染的情况以及地下水修复时间的长短，来确定工程施工量，以及相应的配套措施，根据污染物对周围人群产生相应的危害等情况采取相应的措施。

在进行地下水修复时，需考虑各种修复技术，针对某些特殊的污染场地，还需考虑是否采用多种技术的联合修复；在具体的修复工程中，需考虑各种修复技术运用的先后顺序和对生态环境的影响，以及地下水修复之后的用途，最终的修复方案是各种因素的综合结果。

由于大量的地下水污染是突发性污染事故造成的，经查阅相关文献资料，本书对常用的应急控制方式进行了总结和简单讨论，主要通过分析大量的国内外地下水污染修复案例，总结概括了之后所应采用的中长期修复技术和相应的修复措施。

由于地下水污染问题的复杂性，在具体的修复工程中，采用何种修复技术暂无相应的理论指导，如何选取经济适宜的修复技术仍然是一个亟待解决的问题。本书主要针对国内外已经开展的大量地下水修复工程，总结分析案例中的选择原则，拟给出一些初步的指导性意见以用于地下水污染应急控制事件，详见第 3 章地下水污染修复技术章节及第 5 章有关内容。

1.3 突发性环境污染事故

1.3.1 突发性环境污染事故概述

当前，我国经济社会迅速发展，各种产业不断发展壮大，突发性环境污染事故发生的可能性大大增加。突发性环境污染事故是威胁人类健康、破坏生态环境的重要因素，其危害往往十分巨大，对人民生命财产造成重大的损失。开展相应的调查研究，有效地预防、减少以至消除突发性环境污染事故的发生，及时高效地处理处置突发性环境污染事故，最大限度地减小其对环境和人身的危害，是亟待解决的问题之一。

不同于一般的环境污染，突发性环境污染事故，如化工厂的爆炸，危化品运输过程中的泄漏，以及核电厂核废料的泄漏等，这类事件的共同点就是时间的发生具有偶然性和突发性，需要立即做出相应的措施，以防止污染的进一步扩散以及对周围环境和人畜等造成伤害，也即需要临时性的处理措施，在事态得到控制之后，再进行完善的修复工程。

在突发性的地下水污染事件中，污染物会瞬间大量暴露于环境中，对周边环境造成的危害巨大，在这种情况下，首先需要及时掌握污染物的情况，包括污染物的种类，污染物的数量和危险性，以及周边的地质环境情况，并及时采取相应的措施，将危害和影响降到最低。当前需要进一步做好相应的安全宣传与管理，更重要的是总结研究相应的事故教训，提高对突发性污染事件的处理控制应变能力。

突发性污染事故形式多样，根据污染物的不同性质，可将突发性污染事故分为核污染事故、剧毒农药和有毒化学品的泄漏扩散污染事故、易燃易爆物的泄漏爆炸污染事故、溢油事故、非正常大量排放废水造成的污染事故。不仅涉及的污染物种类繁多，而且可能发生的场地、时间也具有随机性，在生产运作的各个环节，以及生产运输、储存、使用等过程中均有发生的可能。由于事件发生的突发性和偶然性，导致污染物在短时间内大量暴露，具有严重的危害性，使得相应的处理处置过程十分艰巨。

污染物大多为有毒有害、易燃易爆物质，不仅会对事故周边的人畜造成生命威胁，伴随的经济损失往往十分巨大，同时会造成社会不安定因素的产生，对生态环境的破坏非常严重，导致生态失衡，相应的恢复过程具有长期性和艰巨性。

1.3.2　突发性环境污染事故处置

在突发性污染事件发生后，首先应该采取的应急控制措施就是进行应急监测。突发性环境污染事故应急监测，是环境监测人员在事故现场，用小型、便携、快速检测仪器或装置，在尽可能短的时间内对污染物质的种类、浓度和污染的范围及可能产生的危害等作出判断的过程。

应急监测是整个应急控制的前提和关键，对制订科学的决策，实行正确的处理处置措施具有决定性的作用。只有对污染事故的类型及污染状况作出准确的判断，才能及时、正确地处理处置污染事故，为制订恢复措施提供科学的决策依据，因此应急监测是事故应急处置与善后处理中始终依赖的基础工作。

突发性环境污染事故应急监测不同于一般的环境质量监测，它对监测的时效性要求很高。一般来说事故发生时的环境状况持续时间较短，而且是不可重复和再现的。一旦错过了事故发生的时段，以后监测到的数据便不能代表受污染时的环境质量状况。

为尽快地消除污染物，限制污染范围扩大，减轻和消除污染危害，在应急监测已对污染物种类、污染物浓度、污染范围及其危害作出判断的基础上，突发性环境污染事故的处理处置应包括以下内容：

1）救治现场受危害人员。

2）控制污染源和污染区、采取隔离防护措施，防止污染扩散。

3）采取及时有效的措施，减轻或消除污染物的危害。

4）消除污染物及善后处理。

5）向有关部门通报事故情况，对受影响区域发出预警通报。

为了有效应对突发性的环境污染事故，除了开展相应的调查研究，制订相关的应对措施外，还应该加强宣传教育，提高企业和个人的安全防范意识，相关部门应加强管理和监督，普及相应的应急治理和紧急救援的知识和技能，在各行业开展宣传教育活动，提高防范意识和对污染事故的重视程度。加强应急监测能力建设，不仅要提高应急监测的反应能力，组建专业应急监测队伍以及加强监测人员的技术培训与实战演习。而且要提高应急监测的技术水平，主要是完善和配备相应的硬件技术以及建立专门的突发性污染事故数据库和查询系统等。

面对突发性环境污染事故，不仅要解决应急监测及处理处置问题，还要实施好紧急救援与做好善后工作，把污染事故的危害减至最小。突发性环境污染中事故的应急监测、处理处置、紧急救援与善后处理涉及面广、工作量大，仅仅依靠某一部门的力量难以胜任，必须在各级政府部门统一领导下，协调各方面人员密切配合行动，建立起由部队、公安、消防、卫生、安全、邮电和环保等部门参加的通信、指挥、监测、救援等系统。应有一个总体的规划，明确各部门、各单位之间的职责分工，一旦发生污染事故，保证该系统能快速有效运行，全方位开展救护工作[11]。

为保证监测的及时性，需做到以下几点：

1）要提高大众的环境意识，在事故发生的一开始就能意识到这是一起污染事故，并及时向环境保护主管部门反映情况，请求处理；环境保护主管部门在接到当事人的报告后，应立刻委派监测部门前往事故现场，进行察看和监测，为污染处置争取时间。对环境监测部门来说，应尽快弄清污染事故的来龙去脉，查找污染事故的原因和污染源，发生事故的过程、时间间隔，以及初步确定监测项目。

2）应立即进行实地勘察，追踪污染源，进一步确定监测项目。同时根据实际情况及采样布点的规范要求，科学、合理地布点采样分析。

3）采样过程必须有双方当事人在场，采样记录应全面、细致，包括布点、事故现场环境情况及气象状况等的描述。采样结束后，双方当事人须在采样记录上签字，以此作为采样过程的见证。

4）样品应及时处理分析，并根据质控要求规定100％的平行样和加标样，确保数据准确可靠。

5）如果监测手段不全或不能确定事故发生的原因，则应及时与上一级业务部门或其他主管部门联系，请求协助，迅速查明污染事故原因，不能耽误时间。这样，既能为当事人和环保行政主管部门提供处理污染事故的可靠证据，又能为污染事故的公证、迅速解决提供服务。

为保障突发性应急监测任务的顺利进行，应做好以下几方面的工作：

1）强化应急监测装备的配置。在应急监测中，为了实现大范围快速布点采样、追踪监测污染物，需配备相当数量的交通工具和采样装备。同时应及时通报情况、调整部署，必须有方便联络的通信工具。在事故现场，污染物的浓度高，监测人员需配备防护用具。应急监测的项目多、污染物成分复杂，必须用先进的仪器和快速分析手段来分析，结果也需要快速传递信息的装置来报送。

2）加强应急监测需要的快速监测技术的贮备。在应急事故处理中，对监测速度的要求很高，常规方法耗时较长，又必须现场采样、送回实验室分析，现场不能得出结果。应在平时加强快速监测方法和技术的贮备，购置快速检测的试剂和用具，配备便携式应急监测仪器，并对应急监测队伍进行快速分析技术的训练，加强现场快速监测能力。

3）事先查明事故污染源情况。应尽可能收集足够多的情况，了解清楚污染物的种类和范围等，从而制订监测方案，实施监测工作。应急监测必须争分夺秒，工作难度很大，应抓住主要污染物，避免人力、物力和时间的浪费。

为增强对突发性事故应急处理的能力，应加强危险化学品管理，把同一地区的化学品的使用、储存和运输情况，以及化学品的性质和应急措施输入电脑，以备随时调用，使应急监测更有的放矢，高效可靠。

4）有害废物的堆放和填埋。为方便现场清出物的处理，在现场清理开始前，应在实地勘察的基础上，尽快确定地理和地质条件较好，水文系统相对比较独立的有害废物的临时堆放场。

临时堆放场应采取简易的衬垫防渗措施，设置简易的渗滤液收集水塘。根据化学品不同的危险特性，由技术人员记录、监督、分类存放于不同的堆填区。对残留的化学品尽可能回收利用。为防止雨水、山洪冲刷废物，应在废物堆放区架设玻璃钢防雨棚，周围开设排洪沟。

5）严格的质量控制措施。建立严密的事故检测组织体系、及时传送信息、制订严密的监测方案、对水体和爆炸残留物实时监测，采用多点位、大面积、高步次采样监测的方案。

为保证监测结果的准确可靠，在应急监测时应采取平行样、质控样分析、加标回收、严格审核等质量控制措施，对新开展的监测项目，在反复实验后经高工审查质控指标方可使用。

1.3.3 突发性环境污染事故的特征

根据万本太[12]所著《突发性环境污染事故应急监测与处理处置技术》，可将突发性环境污染事故的特征简单归纳为以下几点。

（1）形式的多样性　可能造成突发性环境污染事故的原因众多，涉及的行业与领域也众多，包括核污染、有毒化学品泄漏、溢油、爆炸等。污染事故在生产运作的各个环节，包括生产运输、储存、使用和处置等过程中都有可能发生污染事故，事故表现形式也多种多样。

（2）发生的突然性　突发性环境污染事故不同于一般的环境污染，没有固定的排污方式和排污途径，事故的发生具有偶然性和瞬时性，不可预测。

（3）危害的严重性　由于在生产生活过程中产生的环境污染，是有规律的非大量的污染排放，危害性相对较小，通常对人们的正常生活和生产秩序不会造成严重影响。而突发性环境污染事故，则是瞬时间一次性大量泄漏，排放有毒有害物质，若没有准备充分的防治措施，在事故发生时难以控制，不仅对污染区域人群正常的生活生产秩序以及生态环境造成严重破坏，而且会引起巨大的财产损失，甚至会造成人员伤亡。

（4）治理的艰难性　针对突发性环境污染事故所具有的危害性大、污染因素多、瞬时的排放量大、发生突然等特点，为达到治理措施的及时有效，最大限度地减小事故造成的影响，对突发性污染事故的监测、处理处置比常规环境污染事故的处理更为困难与复杂，难度更大。

1.4　污染事故调查及污染物处置

1.4.1 污染调查目的与原则

污染调查的主要目的是在已有资料的基础上，迅速查明污染物的种类、污染程度和范围以及污染发展趋势，及时、准确地为决策部门提供处理处置的可靠依据。根据监测结果，确定污染程度和可能污染的范围并提出处理处置建议，及时上报有关部门。

1.4.2　污染调查实施

突发性水环境污染事故的应急监测一般分为现场监测和跟踪监测两部分，其采样原则如下所述。

1) 现场监测采样

a. 现场监测的采样一般以事故发生地点及其附近为主，根据现场的具体情况和污染水体的特性布点采样和确定采样频次。对江河的监测应在事故地点及其下游布点采样，同时要在事故发生地点上游采对照样。对湖（库）的采样点布设以事故发生地点为中心，按水流方向在一定间隔的扇形或圆形布点采样，同时采集对照样品。

b. 事故发生地点要设立明显标志，如有必要则进行现场录像和拍照。

c. 现场要采平行双样，一份供现场快速测定，一份送回实验室测定。如有需要，同时采集污染地点的底质样品。

2) 跟踪监测采样。污染物质进入水体后，随着稀释、扩散和沉降作用，其浓度会逐渐降低。为掌握污染程度、范围及变化趋势，在事故发生后，往往要进行连续的跟踪监测，直至水体环境恢复正常。

a. 对江河污染的跟踪监测要根据污染物质的性质和数量及河流的水文要素等，沿河段设置数个采样断面，并在采样点设立明显标志。采样频次根据事故程度确定。

b. 对湖（库）污染的跟踪监测，应根据具体情况布点，但在出水口和饮用水取水口处必须设置采样点。由于湖（库）的水体较稳定，要考虑不同水层采样。采样频次每天不得少于两次。

3) 现场记录。要绘制事故现场的位置图，标出采样点位，记录发生时间、事故原因、事故持续时间、采样时间、水体感观性描述、可能存在的污染物、采样人员等事项。

4) 监测方法。由于事故的突发性和复杂性，当我国颁布的标准监测分析方法不能满足要求时，可等效采用 ISO、美国环境保护署（EPA）或日本工业标准（JIS）的相关方法，但必须用加标回收、平行双样等指标检验方法。

现场监测可使用水质检测管或便携式监测仪器等快速检测手段，鉴别鉴定污染物的种类并给出定量、半定量的测定数据。现场无法监测的项目和平行采集的样品，应尽快将样品送回实验室进行检测。

跟踪监测一般可在采样后及时送回实验室进行分析。

5) 应急监测报告。根据现场情况和监测结果，编写现场监测报告并迅速上报有关单位，报告的主要内容有：

    a. 事故发生的时间，接到通知的时间，到达现场监测的时间。

    b. 事故发生的具体位置。

    c. 监测实施情况，包括采样点位、监测频次、监测方法。

    d. 事故发生的性质、原因及伤亡损失情况。

    e. 主要污染物的种类、流失量、浓度及影响范围。

    f. 简要说明污染物的有害特性及处理处置建议。

    g. 附现场示意图及录像或照片。

    h. 应急监测单位及负责人签字盖章。

6）监测质量保证与质量控制。水质监测质量保证是贯穿监测全过程的质量保证体系，包括人员素质、监测分析方法的选定、布点采样方案和措施、实验室质量控制、数据处理和报告审核等一系列质量保证措施和技术要求。

7）分析方法。对于分析方法的选择，首先选用国家标准分析方法、统一分析方法或行业标准方法。当实验室不具备使用标准分析方法时，可采用中华人民共和国生态环境部《地表水和污水监测技术规范》（HJ/T 91—2002）公布的方法体系。

在某些项目的监测中，尚无标准和统一分析方法时，可采用 ISO、美国 EPA 和日本 JIS 方法体系等其他等效分析方法，但应经过验证合格，其检出限、准确度和精密度应能达到质控要求。当规定的分析方法应用于污水、底质和污泥样品分析时，必要时要注意增加消除基体干扰的净化步骤，并进行可适用性检验。地下水和地表水检测项目和分析方法可见第 2 章表 2.4。

1.4.3 污染控制

为了能够更好地应对突发性的地下水污染事件，各相关部门应成立应急控制中心并制定相应的应急预案。可依据的相关法律法规和规范性文件有《中华人民共和国水法》（2016 年修正）、《中华人民共和国水污染防治法》、《中华人民共和国安全生产法》、《国家突发公共事件总体应急预案》、《重大危险源辨识》（GB 18218—2018）等。

有条件的应建立专门的应急处理数据库，及时高效将事故信息进行收集和公布，并通过信息的检索，迅速确定最佳的处理处置措施，使事态在最短的时间内进入可控范围。

可按照突发性地下水污染事件的性质、严重程度、影响范围及时间、可控性和上报范围，将应急控制措施进行相应的级别分类，以更好地应对突发性污染事件。可将应急控制措施分为Ⅰ、Ⅱ、Ⅲ三个级别。Ⅰ级为影响程度特别严重，影响范围大，影响时间长，有时间扩大和次生灾害蔓延可能的污染事件；

Ⅱ级为影响程度非常严重，影响范围较大，影响时间较长的污染事件；Ⅲ级为影响程度一般，影响范围不大，影响时间较短，在可控范围内的污染事件。

应急控制以将危害降到最低为原则，首先应根据不同的污染源采取措施，切断污染源，并阻止污染范围的扩大；同时应立即根据污染的程度和级别，疏散周边人员，将人员伤亡降到最低[13]。

在接到突发性地下水污染事件的信息后，应急控制中心应立即指派相关人员前往污染场地，确认是否属于突发性的地下水污染事件及事件的污染级别。在确认发生突发性的地下水污染事件后，应急控制中心应立即启动应急预案，并按应急响应级别上报。

在接报突发性地下水污染事件后，必须做好如下工作：

1）立即派出相关人员赶赴现场，负责维护现场秩序和证据收集工作。

2）迅速采取有效措施进行抢险救援。

3）服从应急控制中心的统一部署和指挥，协调组织事件的抢险救灾和调查处理等事宜，及时掌握事件发展趋势和处置状况。

4）有效保护事件现场。因抢救人员、防止事件扩大、恢复生产以及疏通交通等原因而移动现场物件的，应做好标志，采取拍照、摄像、绘图等方法记录事发现场原貌，妥善保存现场重要痕迹、物证。

突发性地下水污染事件发生后，在初步判定事件类型、级别的基础上，应急处理中心须尽快写出事件快报，经应急处理领导小组审批后上报，并视事件性质、影响范围和程度通知安全监察、公安、劳动和社会保障、水利、环保、防疫、卫生、保险公司等相关部门和单位。

突发性地下水污染事件快报应包含以下内容：

1）处理突发事件的负责人、联系电话。

2）突发事件发生的时间、地点、类别。

3）突发事件造成的危害程度、影响范围、伤亡人数、直接经济损失的初步估计。

4）突发事件的简要经过及发生原因的初步分析与判断。

5）事件发生后所采取的应急措施及对事件的控制状况。

6）突发事件如超出自身的控制能力，需要有关部门和单位协助支援时，应向应急控制中心请示相关事宜。

7）突发事件报告单位、签发人、报告时间。

在突发性地下水污染事件发生后，应急控制中心应立即采取措施防止事件扩大，最大限度地减少人员伤亡、财产损失和社会影响；组织各专业队伍全面展开抢险救灾、医疗救护、现场保卫、事故调查、善后处理等工作；事件发生初期，事件发生部门及现场人员要积极采取有效自救措施，全力进行人员和财产的抢救以及排除险情，控制和防止事件的蔓延、扩大，尽力减少损失；事件发生后，事发部门的主要负责人应当立即组织抢险救援，在抢险救援和事件调查处理期间不得擅离职守。

在开展地下水污染应急控制期间，除进行相应的应急监测工作外，还应同时开展相应的地下水水质评价工作。这不仅可以对地下水受污染的程度给出更加准确的评价，而且可以指出发展趋势，为以后修复治理工作等提供依据。水质评价根据工作目的不同，采取的评价方法等也不同。

水质评价应在水质监测的基础上进行。首先应搜集、整理、分析水质监测的数据和相关资料。包括对水体环境背景值的调查、对污染源的调查与评价以及水质监测等。其次应确定水质评价的参数，以及选择评价的方法，建立评价的数学模型。最后确定评价表征，绘制水质图等。

地下水水质评价与地表水水质评价相比，除具有评价工作的相同特征外，还有它自己的特点。由于地下水埋藏于地质介质中，受地质构造、水文地质条件及地球化学条件等多种因素的影响，水质的污染十分缓慢和复杂，所以评价它较地面水就更为困难。

在评价参数的选择上，应根据现场监测的分析结果，选择具有代表性和量大的污染物质来定。同时应根据污染场地的水文地质条件、地形地貌特征等，进行综合考虑。相应的评价方法，可根据《地下水质量标准》（GB/T 14848—2017）等进行选择。

在水质评价的基础上，可开展相应的水质预测工作，这对污染场地的后期修复等具有重要的意义。在已收集的地下水污染的情况、监测、评价的基础上，可建立相应的数学模型进行水质的预测，包括地下水中污染物的浓度、分布等的变化情况。

1.4.4 污染物处置

通过地下水污染物一节的介绍可知，地下水中的成分本身比较复杂，加之地下水污染源众多，各种物质之间有可能存在着相互作用，导致地下水中的污染物质种类繁多，本小节仅列举常见的几种污染物以说明污染物处置的大概情况，地下水中各种污染物的详细处理手段可参见相关资料和专著[12]。

1.4.4.1 腐蚀性污染物

（1）判定 在发生腐蚀性物质的污染事故时，应首先判断污染原因，之后对污染事故的大小、污染物质的种类、性质和状态等情况进行调查，并采用相应的应急处理处置技术和措施。

对于不明污染源的突发性污染事故，应立即按照 pH 试纸法，在现场进行

pH 值的快速检测，根据腐蚀性的判断标准（鉴别标准为含水废物，或本身不含水，但加入定量水后浸出液的 pH≤2.0，或 pH≥12.5 的废物均具有腐蚀性），判断其是否具有腐蚀性。

（2）测定与分析　腐蚀性的物质发生泄漏后，可根据周围的环境介质（主要是土壤和水体）是否具有腐蚀性，判定是否发生了腐蚀性污染事故。测定方法可选 pH 试纸法、便携式 pH 计法、碱酸滴定法或玻璃电极法等。

pH 试纸法和便携式 pH 计法主要适用于现场简易、快速检测被污染环境的 pH 值。pH 试纸法可以定性甚至半定量地判定被污染环境中的介质（如水和土壤等）是否具有腐蚀性；玻璃电极法或酸碱滴定法受专用仪器和实验条件限制，一般在实验室进行。

现场判定污染事故的腐蚀性时，首先应选择 pH 试纸法，若 pH 范围为 2.0～12.0 时，再选择便携式 pH 计法准确测定 pH 值。

每次监测，必须从不同地点采集至少两个以上的样品进行测定。若被污染环境中的介质是水，可采用 pH 试纸或便携式 pH 计直接测定（或取少量被污染的水样于烧杯中进行测定）其 pH 值。若被污染介质是土壤等固体物质，则取适量固体物于 250mL 烧杯中，按固液比为 1∶5 的比例（体积比），加入蒸馏水，用玻璃棒搅拌 2min 后，再用 pH 试纸或便携式 pH 计测定水相的 pH 值。

当被测污染物溶液的 pH≤2.0，或 pH≥12.5 均可认定为具有腐蚀性的物质。对于碱性污染物的判定，pH 值应取样品测定值的最高值；对于酸性污染物的判定，pH 值应取样品测定值的最低值，不能按均值的方式取值。

（3）腐蚀性污染事故的处理处置　为了尽快去除被污染环境介质所具有的腐蚀性，应采用简便快速、易于操作的方法或技术。在处理含有强酸（如硫酸和盐酸等）或强碱（如氢氧化钠和氨水）的废液中，应用最广泛的是中和作用。

中和作用不仅可用于液相反应，也同样适用于处理气体和固体物质。气体可以用适当的液相吸收处理，如碱液洗涤酸蒸气。在考虑悬浮固体的性质和其溶解性后，泥浆状的污染物也可用中和的方法进行处理。

根据修复要求的 pH 值，通过向酸性物质中加入碱，向碱性物质中加入酸来进行处理，反应的基本产物是盐和水，为避免加入过量酸碱物质而造成二次污染，一般选用弱碱或弱酸处理，如石灰或乙酸等。

1.4.4.2　镉污染物

（1）判定　镉污染主要来自农药、陶瓷、摄影、矿石开采、冶炼等行业。常见镉的化合物有 $CdTe$、$CdSe$、$CdCN$、$CdCN$、$Cd(BrO_3)_2$ 等。

（2）测定与分析　镉污染的现场测定方法有分光光度法和阳极溶出伏安法。

1）分光光度法。该方法需配备便携式分光光度计或比色计，可测定范围分别为 $0\sim80\mu g/L$ 和 $0\sim100\mu g/L$。

具体操作步骤为：先取一定量的液体样品于反应瓶（兼作比色容器）中，调仪器归零。向水样中加入双硫腙试剂，反应 $2\sim3min$ 后，将反应瓶放入仪器的比色槽穴中，于 $518nm$ 处读出镉的浓度值。

2）阳极溶出伏安法。该方法需配备便携式数字伏安仪，可测定镉的范围为 $0\sim12000\mu g/L$。

具体操作步骤为：在电解池中加入一定量的液体样品，将一次性使用的支持电解质溶于其中，接通电极系统并向工作电极（石墨或玻碳电极）施加 $1.0V$ 电压，预电解 $60s$ 后，反向溶出。根据峰电位进行初步定性判断（确认镉污染物），根据峰电流计算样品中镉的浓度。

3）镉污染事故的处理处置

a. 消防。可用水、砂土等灭火，消防人员必须佩戴防毒面具和穿戴防护服。

b. 急救。应使吸入镉粉尘的中毒者脱离污染区，安置休息并保暖。严重者须就医诊治，误服应立即漱口，并送医院抢救。

c. 泄漏处理及治污措施。戴好防毒面具与手套，用湿砂土混合后将污染物扫起倒在空旷地方深埋或收集后送回生产厂处理。污染地面用肥皂或洗涤剂刷洗，经稀释的污水放入废水系统。

当水体受到污染时，可采用加入 Na_2CO_3、$NaOH$ 或石灰和 Na_2S 的方法使镉形成沉淀而从水中转入污泥中，将沉淀的污泥再做进一步的无害化处理。

1.4.4.3　六价铬污染物

（1）判定　受六价铬污染严重的水体通常呈黄色，可根据颜色的深浅初步判定水体受污染的程度，当六价铬的浓度达到 $2.5\sim3.0mg/L$ 时，水体会略带黄色。

（2）测定与分析

1）试纸法。将用于测定 $Cr(VI)$ 的分析试纸插入水样，取出后掸走多余水分，$2s$ 后与标准色阶对比读出 $Cr(VI)$ 的浓度值即可。

2）速测管法。具体操作步骤为：将装有测 $Cr(VI)$ 试剂的检测管刺一小孔，排出管内空气后插入水样并吸入约半管水样，待反应 $1\sim2min$ 后，将其与标准比色卡对比找出颜色最接近的色阶，读出浓度值。可测定范围为 $0.05\sim2.00mg/L$。

3）目视比色法。具体操作步骤如下：先用 0.01mg/L NaOH 过脱色管，调 pH=8.5。再抽吸 10mL 水样流出液盛于 10mL 比色管中，取一支塑料袋装的试剂管，压碎管内的毛细玻璃小管，将其倒入比色管中，5～10min 后与标准纸色阶目视比色测定 Cr(Ⅵ) 浓度。可测定范围为 0～3.0mg/L。

4）分光光度法。使用便携式分光光度计或比色计进行测定，具体操作步骤同镉污染物处理，可测定范围为 0～0.05mg/L、0～1.0mg/L 和 0～1000mg/L。

（3）六价铬污染事故的处理处置　处理含六价铬废水的常用方法有硫酸亚铁-石灰法、离子交换法、铁氧体法等。硫酸亚铁-石灰法和离子交换法使用最为普遍，日处理量可分别达到 500m³ 和 240～280m³。

1.4.4.4　氰化物污染物

（1）判定　氰化物是剧毒物质，一般为无色晶体，在空气中易潮解并有微弱臭味，能使水产生杏仁臭味。

（2）测定与分析　可采用便携式分光光度计或比色计进行测定，或通过试纸法和速测管法对氰化物污染进行快速检测。试纸可根据检测范围分为 0.2～20.0mg/L 和 20～500mg/L 两种规格；速测管也可根据检测范围分为 0～2mg/L 和 0.5～10.0mg/L 两种规格。具体操作方法见六价铬污染测定。

也可采用化学试剂测试组法进行测定，具体操作方法为：将特定的分析试剂加入一定量的水样中，反应 3～5min 后产生特定的颜色，将颜色的深浅程度与标准色阶相比较即可读出待测污染物的浓度。

采用浊度法比色对 HCN 进行测定，浓度范围为 20～100mg/L；其他氰化物采用吡啶-吡唑啉酮法比色，标准色阶为比色盘，测定范围为 0～0.2mg/L。

（3）氰化物污染事故的处理处置　在处理氰化物的泄漏事故时必须戴好防毒面具与手套，将泄漏物倒至大量水中。加入过量 NaClO 或漂白粉，放置 24h，确认氰化物全部分解，稀释后放入废水系统。污染区用 NaClO 溶液或漂白粉浸泡 24h 后，用大量水冲洗，洗水排入废水系统统一处理。

1.4.4.5　苯并［a］芘污染物

（1）判定　苯并［a］芘存在于煤焦油、石油等燃烧产生的烟气及焦化、炼油、沥青、塑料等工业污水中，工业排放是水中的苯并［a］芘的主要来源，苯并［a］芘容易残留在水体、土壤和作物中，残留时间一般不太长，特别在阳光和微生物影响下，数小时内就被代谢和降解，结晶是黄色固体。

（2）测定与分析　苯并［a］芘的测定方法主要有层析-荧光分光光度法、气相色谱法和液相色谱法。

（3）苯并［a］芘污染事故的处理处置　处理人员应做好安全措施（佩戴

自给式呼吸器，穿戴化学防护服），收集时，避免直接接触泄漏物和扬尘。当泄漏量较少时，用水泥、沥青或热塑性材料进行固化处理；大量泄漏时，应集中回收进行无害化处理后再废弃。

1.4.4.6　农药污染物

（1）判定　农药造成的污染可分为下述几种情况：农药在生产、贮运过程中因农药溢漏、包装破损或生产事故，及使用过程中通过径流或淋溶等方式对邻近水域或地下水源造成污染；农药在土壤中的含量超过一定水平时，通过扩散移动对周围环境或具有敏感性的农作物的生产造成不良影响；残留性与富集性强的农药品种，通过生物富集与食物链的传递作用对整个生态系统造成危害。

（2）测定与分析　对于农药污染事故，可根据现场调查及事故起因初步确认污染物类型，之后应用相应的测试技术确定污染物。实验室基本采用色谱及色质联机技术，从样品采集、前处理到分析测试，都有较高的技术要求。

可用于农药应急监测的方法包括比色法、紫外吸收光谱法、气相色谱法、气相色谱-质谱联用技术，具体操作方法可参见相应的国家标准和仪器说明。

（3）农药污染事故的处理处置　在发生农药事故后，对于现场应急处理人员，要保持头脑冷静，注意自我保护，根据现场情况迅速做出判断，进行污染物的处理处置。

农药对水源，尤其是地下水造成的污染危害是很难彻底消除的。污染事故发生后，应即时采样分析，弄清污染农药的类型，尽快查清造成污染的原因并清除污染源。同时确定农药污染区域，并通知有关部门及居民在此期间禁用受污染的水源。有条件的情况下使用吸附过滤等净水设备以缓解用水紧张的矛盾，但处理过的水须经环保部门或卫生防疫部门对水质监测合格后方能使用。在遭受农药污染的水域设置水质监测点，以及时了解水质变化趋势。

在处理因各种原因（如污染场地上的固体农药、溢漏在地面或土地上的液剂农药、各种农药包装物，以及受农药污染的大气回落尘埃等）造成的对土壤或地面的污染事故时，现场人员应做好自我保护措施（佩戴防毒面具及穿戴保护服）。针对污染物的产生来源，尽快完成现场采样分析，以便能迅速制订污染物清除处理方案。

在处理小量、低毒、中毒的农药时，应先用覆土或干砂掩盖，然后清理到安全地区，并掩埋到远离住宅区和水源地的防渗深坑中。对于液态农药用锯末、干土或粒状吸附物处理再掩埋到防渗深坑中。对于高毒农药及其包装物应先经化学处理，之后在具有防渗结构的沟槽中掩埋，要求远离住宅区和水源地，并且设立有毒标志。污染土层清除工作应尽量彻底，并进行集中处理。对于污染场地中清理出的大量污染物，应采用焚烧、生物处理、物理化学处理后再采用陆上抛弃处理法（地下掩埋、压缩包装、渗透或蒸发池与土壤混合等）集中处理。对于回落到地面上受农药污染的大气尘埃物，应在地面上先洒一层锯末或干土再清扫，最理想的情况是将受污染的地表层土全部清除掉或全部覆盖上新土。

参考文献

[1] 尹国勋，李振山．地下水污染与防治：焦作市实证研究 [M]．北京：中国环境科学出版社，2005.

[2] 钱家忠．地下水污染控制 [M]．合肥：合肥工业大学出版社，2009.

[3] 王俊杰，陈亮，梁越．地下水渗流力学 [M]．北京：中国水利水电出版社，2013.

[4] 薛禹群．地下水动力学原理 [M]．北京：地质出版社，1986.

[5] 朱学愚．地下水水文学 [M]．北京：中国环境科学出版社，2005.

[6] 李昌静，卫钟鼎．地下水水质及其污染 [M]．北京：建筑工业出版社，1983.

[7] 林年丰．环境水文地质学 [M]．北京：地质出版社，1990.

[8] 郑西来．地下水污染控制 [M]．武汉：华中科技大学出版社，2009.

[9] 王焰新．地下水污染与防治 [M]．北京：高等教育出版社，2007.

[10] 张永波，时红，王玉和．地下水环境保护与污染控制 [M]．北京：中国环境科学出版社，2006.

[11] 谢红霞，胡勤海．突发性环境污染事故应急预警系统发展探讨 [J]．环境污染与防治，2004，26 (1)：44-45.

[12] 万本太．突发性环境污染事故应急监测与处理处置技术 [M]．北京：中国环境科学出版社，1996.

[13] 刘砚华，魏复盛．关于突发性环境污染事故应急监测 [J]．中国环境监测，1995，11 (5)：59-62.

第2章
地下水水质监测和检测方法

2.1 地下水水质监测

2.1.1 概述

地下水污染对环境造成了巨大的影响，地下水污染的修复同样困难重重，由第1章可以看出地下水污染的复杂性以及修复的困难度。地下水修复涉及的方面很多，为了能够减少地下水污染的影响范围，在修复工程中应进行实时监测以将信息即时反馈，协调工程的进度，对修复工程进行评价及后期监测，基于这些方面开展地下水水质监测工作是十分必要的。

地下水水质监测在地下水修复工程中占据重要的地位。地下水水质监测在于掌握地下水环境质量状况，保护和开发地下水资源，进行地下水污染的综合防治和地下水评价。其对查明地下水中的污染物质种类及浓度、污染源、污染途径、污染范围、污染程度以及对水质的变化趋势的预测都发挥着重要的作用。通过对地下水水质的监测可以了解地下水受污染的程度、污染物在地下水中空间分布及其随时间的变化。根据水文地质条件，地下水水质监测对修复技术的选择和评价都具有指导作用，是环境水质监测的重要组成部分[1]。

地下水同地表水一样，水质随时间而变化，影响地下水水质的因素众多，包括气候、补给条件、人类活动等。为了正确地反映地下水水压在空间和时间的变化规律，要在一定的位置布置采样井（点），并制订合理的采样时间和采样频率。可根据《全国环境保护监测工作要点》开展监测工作。

地下水水质监测主要包括监测手段和监测内容。通常的做法是在需要进行地下水水质监测的区域布置监测井和采样井。监测网点的布置应综合考虑水文地质条件、地下水开发利用状况、污染源的分布等环境因素。监测的对象主要是排放量大的有害物质、危害性大的污染源、重污染区、重要的供水水源地等。

地下水水质的监测主要是前期的准备工作，包括监测点网的布设，监测地区的水文地质、地貌结构等资料的收集整理。监测项目和方法的选取，需根据不同的监测目的，结合监测场地的情况进行综合的考虑。监测水样的保存与监测数据的整理，对以后地下水修复工程实施和评价具有重要的指导意义[2]。

地下水水质监测工作在地下水修复及应急处置等方面发挥着至关重要的作用，尤其在发生有毒化学品泄漏事故时，考虑到周边人畜和环境的安全问题，必须实现快速的监测，以确定当地的污染状况。在实际的工作中，首先需要确定的就是污染物的种类，以便对可能造成的影响进行评价并采取相应的处置和补救措施。为了达到上述目的，一方面需要有专业的技术人员，另一方面也需要有相应的配套仪器以满足实际工作的需要。受现场监测的条件所限，往往需要与实验室分析相配合，以得到正确完整的监测结果[3]。

在发生突发性的地下水污染事故时，监测工作应能够迅速提供污染事故的初步分析结果，包括污染物的种类和性质、释放量、浓度等，估计受污染的地区、范围和程度。能迅速提出适当的应急处理处置措施，以将事故的有害影响降至最低限度。根据现场测试结果，可以较全面准确地确定用于实验室分析的采样地点、采样方法及分析方法[4]。

2.1.2 监测方法

2.1.2.1 监测点网布设

在布设监测点网前，应收集当地有关的水文、地质资料，布置地下水采样井之前，应收集本地区有关资料，包括区域内的天然水文地质单元特征、地下水补给条件、地下水流向及开发利用、污染源及污水排放特征、城镇及工业区分布、土地利用与水利工程状况等。具体内容包括：

a. 地质图、剖面图、现有水井的有关参数（井位、钻井日期、井深、成井方法、含水层位置、抽水试验数据、钻探单位、使用价值、水质资料等）。

b. 作为当地地下水补给水源的江、河、湖、海的地理分布及其水文特征（水位、水深、流速、流量），水利工程设施，地表水的利用情况及其水质状况。

c. 含水层分布，地下水补给、径流和排泄方向，地下水质类型和地下水资源开发利用情况。

d. 对泉水出露位置，泉的成因类型、补给来源、流量、水温、水质和利用情况。

e. 区域规划与发展、城镇与工业区分布、资源开发和土地利用情况、化肥农药施用情况、水污染源及污水排放特征。

（1）监测点网的布置原则　监测点网的布置应根据水文地质条件、地下水开发利用状况、污染源的分布等环境因素综合考虑。只有在地下水污染调查的基础上，才能很好地布置监测点网。监测的对象主要是排放量大的有害物质、危害性大的重污染区、重要的供水水源地等。观测点的布置方法应根据污染物在地下水中的扩散形式来确定。

总的原则可总结为以下几个方面。

a. 在总体和宏观上应能控制不同的水文地质单元，须能反映所在区域地下水系的环境质量状况和地下水质量空间变化。

b. 监测重点为供水目的的含水层。

c. 监控地下水重点污染区及可能产生污染的地区，监视污染源对地下水的污染程度及动态变化，以反映所在区域地下水的污染特征。

d. 能反映地下水补给源和地下水与地表水的水力联系。

e. 监控地下水水位下降的漏斗区、地面沉降以及本区域的特殊水文地质问题。

f. 考虑工业建设项目、矿山开发、水利工程、石油开发及农业活动等对地下水的影响。

g. 监测点网布设密度的原则：主要供水区密，一般地区稀；城区密，农村稀；地下水污染严重地区密，非污染区稀。尽可能以最少的监测点获取足够的有代表性的环境信息。

h. 考虑监测结果的代表性和实际采样的可行性、方便性，尽可能从经常使用的民井、生产井以及泉水中选择布设监测点。

i. 监测点网不要轻易变动，尽量保持单井地下水监测工作的连续性。

（2）监测点（监测井）设置方法与要求　在地下水的供水水源地，必须布设 $1\sim2$ 个监测点。水源地面积大于 $3km^2$ 时，应适当增加监测点。在水源（供水含水层）分布区每 $5\sim10km^2$ 布一个监测点。在水源地上游地区应布设清洁对照点。

对于点状污染源（排污渗井或渗坑、堆渣地点等），可沿地下水流向，自排污点由密而疏布点，以控制污染带长度和观测污染物弥散速度。含水层的透水性较好、地下水流速度较大的地区，污染物扩散较快，则监测距离可稀疏些，观测线的范围可大些；反之，在地下水流速小的地区，污染物迁移慢，污染范围小，监测点应布置在污染源附近较小的范围内。监测点除沿地下水流向布点外，还应垂直流向布点，以控制污染带宽度。

对线状污染源（如沟渠、污染的河流等），应垂直污染体布置监测断面，监测点口排污体向外由密而疏。污染质浓度高，污染严重，河流渗漏性强的地段，是监测的重点，应设置 2～3 个监测断面。在河渠水中污染物质超标不大或渗漏性较弱的地区，可设置 1～2 个监测断面。基本未污染的地段可设一个断面或一个监测点以控制其变化。

对于面状污染源（如污染区）的监测，可用网格法均匀布置监测点线。污染严重的地区多布，污染较轻的地区则少布[2]。

在进行监测井的选择时，优选生产井，以确保水样能代表含水层真实的化学成分。井筒结构、开采层位也应符合观测要求。在农业污染区还应考虑监测井附近的交通条件，在满足监测要求的原则下，选择交通条件较好的孔作监测井，以利于长期监测和便于采样；在无生产井的地区，可打少量专门的水质监测孔或分层监测孔，以保证监测工作的需要；废井、长期不用和管理不良的井不宜作监测井。

每个监测井均应查明基本情况，登记所在位置、所属单位、井的深度、岩层结构、开采层位、井孔附近的水文地质概况，并建立每个监测井的基本情况表（表2.1）。

表 2.1　地下水监测井基本情况表

监测井编号		位置	_____市(县)____区(乡、镇)____街(村) ____号____方向距离____m
监测井名称			
监测井类型			东经____°____′____″、北纬____°____′____″
成井单位		成井日期		建立资料日期	
井深/m		井径/mm		井口标高/m	
静水位标高/m		流域(水系)		地面高程/m	
地下水类型		地层结构		监测井地理位置图	监测井撤销、变更说明
埋藏条件	含水介质类型	使用功能	深度/m	厚度/m	地层结构	岩性描述		
								年　月　日

注："埋藏条件"按滞水、潜水、承压水填写，"含水介质类型"按孔隙水、裂隙水、岩溶水填写。

根据区域水文地质单元状况和地下水主要补给来源，在污染区外围地下水水流上方垂直水流方向，设置一个或数个背景值监测井。背景值监测井应尽量远离城市居民区、工业区、农药化肥施放区、农灌区及交通要道。

监测井可分为背景值监测井和污染控制监测井，在进行这两种监测井的布设时，应注意下述要求。

1）背景值监测井的布设。为了解地下水体未受人为影响条件下的水质状况，需在研究区域的非污染地段设置地下水背景值监测井（对照井）。

背景值是指在同一水文地质单元内，远离工矿、城镇和交通要道，无污染源分布并位于评价区地下水上游地段的地下水化学组分含量的平均值；对照值是指在未产生明显污染或无污染源分布的前提下，水文地质条件与评价区相似地区的地下水的背景值。

2）污染控制监测井的布设。污染源的分布和污染物在地下水中的扩散形式是布设污染控制监测井的首要考虑因素。各地可根据当地地下水流向、污染源分布状况和污染物在地下水中的扩散形式，采取点面结合的方法布设污染控制监测井，监测重点是供水水源地保护区。具体布设原则可参考下述几点。

a. 渗坑、渗井和固体废物堆放区的污染物在含水层渗透性较大的地区以条带状污染扩散，监测井应沿地下水流向布设，以平行及垂直的监测线进行控制。

b. 渗坑、渗井和固体废物堆放区的污染物在含水层渗透性小的地区以点状污染扩散，可在污染源附近按十字形布设监测线进行控制。

c. 当工业废水、生活污水等污染物沿河渠排放或渗漏以带状污染扩散时，应根据河渠的状态、地下水流向和所处的地质条件，采用网格布点法设垂直于河渠的监测线。

d. 污灌区和缺乏卫生设施的居民区生活污水易对周围环境造成大面积垂直的块状污染，应以平行和垂直于地下水流向的方式布设监测点。

e. 地下水位下降的漏斗区，主要形成开采漏斗附近的侧向污染扩散，应在漏斗中心布设监测点，必要时可穿过漏斗中心按十字形或放射状向外围布设监测线。

f. 透水性好的强扩散区或年限已久的老污染源，污染范围可能较大，监测线可适当延长，反之，可只在污染源附近布点。

g. 区域内的代表性泉、自流井、地下长河出口应布设监测点。

h. 为了解地下水与地表水体之间的补（给）排（泄）关系，可根据地下水流向在已设置地表水监测断面的地表水体设置垂直于岸边线的地下水监测线。

i. 选定的监测点（井）应经环境保护行政主管部门审查确认。一经确认不准任意变动。确需变动时，需征得环境保护行政主管部门的同意，并重新进行审查确认。

（3）监测井的建设与管理　应选用取水层与监测目的层相一致且是常年使用的民井、生产井为监测井。监测井一般不专门钻凿，只有在无合适民井、生产井可利用的重污染区才设置专门的监测井。

1）监测井应符合以下要求：

a. 监测井井管应由坚固、耐腐蚀、对地下水水质无污染的材料制成。

b. 监测井的深度应根据监测目的、所处含水层类型及其埋深和厚度来确定，尽可能超过已知最大地下水埋深以下2m。

c. 监测井顶角斜度每百米井深不得超过2°。

d. 监测井井管内径不宜小于0.1m。

e. 滤水段透水性能良好，向井内注入灌水段1m井管容积的水量，水位复原时间不超过10min，滤水材料应对地下水水质无污染。

f. 监测井目的层与其他含水层之间止水良好，承压水监测井应分层止水，潜水监测井不得穿透潜水含水层下的隔水层的底板。

g. 新凿监测井的终孔直径不宜小于0.25m，设计动水位以下的含水层段应安装滤水管，反滤层厚度不小于0.05m，成井后应进行抽水洗井。

h. 监测井应设明显的标识牌，井（孔）口应高出地面0.5～1.0m，井（孔）口安装盖（保护帽），孔口地面应采取防渗措施，井周围应有防护栏。监测水量的监测井（或自流井）尽可能安装水量计量装置，泉水出口处设置测流装置。

i. 水位监测井不得靠近地表水体，且必须修筑井台，井台应高出地面0.5m以上，用砖石浆砌，并用水泥砂浆护面。人工监测水位的监测井应加设井盖，井口必须设置固定点标志。

j. 在水位监测井附近选择适当的建筑物建立水准标志。用以校核井口固定点高程。

k. 监测井应有较完整的地层岩性和井管结构资料，能满足进行常年连续各项监测工作的要求。

2）为保证监测工作的正常开展，监测井的维护管理应满足如下要求：

a. 应指派专人对监测井的设施进行经常性维护，设施一经损坏，必须及时修复。

b. 每两年测量监测井井深，当监测井内淤积物淤没滤水管或井内水深低于1m时，应及时清淤或换井。

c. 每5年对监测井进行一次透水灵敏度试验，当向井内注入灌水段1m井管容积的水量，水计复原时间超过15min时，应进行洗井。

d. 井口固定点标志和孔口保护帽等发生移位或损坏时，必须及时修复。

e. 对每个监测井建立《基本情况表》（表2.1），监测井的撤销、变更情况应记入原监测井的《基本情况表》内，新换监测井应重新建立《基本情况表》。

2.1.2.2 监测项目

（1）选择监测项目的原则

a. 反映本地区地下水主要水质污染状况。

b. 满足地下水质量评价与保护要求。

c. 按本地区地下水功能用途选择。

d. 专用站按监测目的与要求选择。

（2）地下水水质监测项目　不同的监测站（井）监测项目不同，全国重点基本站的地下水监测项目见表 2.2。

表 2.2　地下水监测项目[5]

必测项目	选测项目
pH 值、总硬度、溶解性总固体、氯化物、氟化物、硫酸盐、氨氮、硝酸盐氮、亚硝酸盐氮、高锰酸盐指数、挥发酚、氰化物、砷、汞、六价铬、铅、铁、锰、大肠菌群	色、臭和味、浑浊度、肉眼可见物、铜、锌、钼、钴、阴离子合成洗涤剂、碘化物、硒、铍、钡、镍、六氯环己烷、双对氯苯基三氯乙烷、细菌总数、总 α 放射性、总 β 放射性

凡能在现场测定的项目，均应在现场测定。现场监测项目包括水位、水量、水温、pH 值、电导率、浑浊度、色、臭和味、肉眼可见物等指标，同时还应测定气温、描述天气状况和近期降水情况。以下列出一些需进行现场监测的项目及相应的方法[6]。

1）水位

a. 地下水水位监测是测量静水位埋藏深度和高程。水位监测井的起测处（井口固定点）和附近地面必须测定高度。可按 SL 58—2014《水文测量规范》执行，按五等水准测量标准监测。

b. 水位监测每年 2 次，丰水期、枯水期各 1 次。

c. 与地下水有水力联系的地表水体的水位监测，应与地下水水位监测同步进行。

d. 同一水文地质单元的水位监测井，监测日期及时间尽可能一致。

e. 有条件的地区，可采用自记水位仪、电测水位仪或地下水多参数自动监测仪进行水位监测。

f. 手工法测水位时，用布卷尺、钢卷尺、测绳等测具测量井口固定点至地下水水面竖直距离两次，当连续两次静水位测量数值之差不大于±1cm/10m 时，将两次测量数值及其均值记入《地下水采样记录表》内，见附录Ⅰ。

g. 水位监测结果以米（m）为单位，记至小数点后两位。

h. 每次测水位时，应记录监测井是否曾抽过水，以及是否受到附近井的抽水影响。

2）水量

a. 生产井水量监测可采用水表法或流量计法。

b. 自流水井和泉水水量监测可采用堰测法或流速仪法。

c. 当采用堰测法或孔板流量计法进行水量监测时，固定标尺读数应精确到毫米（mm）。

d. 水量监测结果（m^3/s）记至小数点后两位。

3）水温

a. 应对地表水与地下水联系密切地区、进行回灌地区以及具有热污染及热异常地区进行地下水温度监测。

b. 有条件的地区，可采用自动测温仪测量水温，自动测温仪探头应放在最低水位以下 3m 处。

c. 手工法测水温时，深水水温用电阻温度计或颠倒温度计测量，水温计应放置在地下水面以下 1m 处（对泉水、自流井或正在开采的生产井可将水温计放置在出水水流中心处，并全部浸入水中），静置 10min 后读数。

d. 连续监测两次，连续两次测值之差不大于 0.4℃时，将两次测量数值及其均值记入附录 I 内。

e. 同一监测点应采用同一个温度计进行测量。

f. 水温监测每年 1 次，可与枯水期水位监测同步进行。

g. 监测水温的同时应监测气温。

h. 水温监测结果（℃）记至小数点后一位。

4）pH 值 用测量精度高于 0.1 的 pH 计测定。测定前按说明书要求认真冲洗电极并用两种标准溶液校准 pH，测井应沿地下水流向布设，以平行及垂直的监测线进行控制。

5）电导率 用误差不超过 1% 的电导率仪测定，报出校准到 25℃时的电导率。

6）浑浊度 用目视比浊法或浊度计法测量。

7）色度

a. 黄色色调地下水色度采用铂-钴标准比色法监测。

b. 非黄色色调地下水，可用相同的比色管，分取等体积的水样和去离子水比较，进行文字定性描述。

8）臭和味 测试人员应不吸烟，未食刺激性食物，无感冒、鼻塞症状。

a. 原水样的臭味。取 100mL 水样置于 250mL 锥形瓶内，振摇后从瓶口嗅水的气味，用适当词语描述，并按六级记录其强度（表2.3），与此同时，取少量水样放入口中（此水样应对人体无害），不要咽下去，品尝水的味道，加以描述，并按六级记录强度等级记录（表 2.3）。

表 2.3　臭和味的强度等级

等级	强度	说明
0	无	无任何臭和味
1	微弱	一般饮用者甚难察觉,但臭、味敏感则可以发觉
2	弱	一般饮用者刚能察觉
3	明显	已能明显察觉
4	强	已有很显著的臭和味
5	很强	有强烈的恶臭或异味

注：可用活性炭处理过的纯水作为无臭对照水。

b. 原水煮沸后的臭和味。将上述锥形瓶内的水样加热至开始沸腾，立即取下锥形瓶，稍冷后按上述 8）法嗅气和尝味，用适当的词句加以描述，并按六级记录其强度（附录Ⅲ）。

9）肉眼可见物　将水样摇匀，在光线明亮处迎光直接观察，记录所观察到的肉眼可见物。

10）气温　可用水银温度计或轻便式气象参数测定仪测量采样现场的气温。

（3）现场监测仪器设备的校准

a. 自记水位仪和电测水位仪应每季校准 1 次，地下水多参数自动监测仪每月校准 1 次，以便及时消除系统误差。

b. 布卷尺、钢卷尺、测绳等水位测量每半年检定 1 次（检定量具为 50m 或 100m 的钢卷尺），其精度必须符合国家计量检定规程允许的误差规定。

c. 水表、堰槽、流速仪、流量计等计量水量的仪器每年检定 1 次。

d. 水温计、气温计最小分度值应不大于 0.2℃，最大误差不超过 ±0.2℃，每年检定 1 次。

e. pH 计、电导率仪、浊度计和轻便式气象参数测定仪应每年测定 1 次。

f. 目视比浊法和目视比色法所用的比色管应成套。

（4）监测项目和分析方法

1）监测项目确定原则

a. 选择 GB/T 14848《地下水质量标准》中要求控制的监测项目，以满足地下水质量评价和保护的要求。

b. 根据本地区地下水功能用途，酌情增加某些选测项目。

c. 根据本地区污染源特征，选择国家水污染物排放标准中要求控制的监测项目，以反映本地区地下水主要水质污染状况。

d. 矿区或地球化学高背景区和饮水型地方病流行区，应增加反映地下水特种化学组分天然背景含量的监测项目。

e. 所选监测项目应有国家或行业标准分析方法、行业性监测技术规范、行业统一分析方法。

f. 随着本地区经济的发展、监测条件的改善及技术水平的提高，可酌情增加某些监测项目。

2）监测项目　地下水的监测项目除了应进行常规水质分析的项目外，还应增加与污染有关的特殊项目。一般有：氨氮、亚硝氮、硝氮、总硬度、pH值、耗氧量、总矿化度、钾、钠、钙、镁、重碳酸根、氯离子、氰化物、汞、砷、总铬、氟、油类、大肠杆菌个数、细菌总数等。此外，各地区根据当地水文地质条件、工业排废情况，适当增加或减少项目[6]。

对于常规监测项目见表 2.2，在区域水位下降漏斗中心地区、重要水源地、缺水地区的易疏干开采地段，应增测水位；在地下水受污染地区，则应根据污染物的种类和浓度，适当增加或减少有关监测项目。如：

a. 放射性污染区应增测总 α 放射性及总 β 放射性监测项目。

b. 对有机物污染地区，应根据有关标准增测相关有机污染物监测项目。

c. 对人为排放热量的热污染源影响区域，可增加溶解氧、水温等监测项目。

3）监测频率　一般都是按当地地下水的丰水期、枯水期、平水期分别各采样 1～2 次，但对于水文地质情况复杂、水质变化大的地区往往不能满足。各地应根据人力、物力及地下水污染的实际情况等各方面条件，适当提高监测频率。

2.1.2.3　地下水样品的采集和现场监测

（1）采样频次和采样时间

1）采样频次和采样时间的原则。依据不同的水文地质条件和地下水监测井使用功能，结合当地污染源、污染物排放实际情况，力求以最低的采样频次，取得最有时间代表性的样品，达到全面反映区域地下水质状况、污染原因和规律的目的；同时为反映地表水与地下水的水力联系，地下水采样频次与时间尽可能与地表水相一致。

2）具体采样频次和时间

a. 背景值监测井和区域性控制的孔隙承压水井每年枯水期采样 1 次。

b. 污染控制监测井逢单月采样 1 次，全年 6 次。

c. 作为生活饮用水集中供水的地下水监测井，每月采样 1 次。

d. 污染控制监测井的某一监测项目如果连续两年均低于控制标准值的1/5，且在监测井附近，确实无新增污染源，而现有污染源排污量未增的情况下，该项目可每年在枯水期采样1次进行监测。一旦监测结果大于控制标准值的1/5，或在监测井附近有新的污染源或现有污染源新增排污量时，即恢复正常采样频次。

e. 同一水文地质单元的监测井采样时间尽量相对集中，日期跨度不宜过大。

f. 遇到特殊的情况或发生污染事故，可能影响地下水水质时，应随时增加采样频次。

（2）采样技术　为保证地下水采样的规范性，采样前应做好以下方面的准备。

1）确定采样负责人。采样负责人负责制订采样计划并组织实施。采样负责人应了解监测任务的目的和要求，并了解采样监测井周围的情况，熟悉地下水采样方法、采样容器的洗涤和样品保存技术。当有现场监测项目和任务时，还应了解有关现场监测技术。

2）制订采样计划。采样计划应包括采样目的、监测井位、监测项目、采样数量、采样时间和路线、采样人员及分工、采样质量保证措施、采样器材和交通工具、需要现场监测的项目、安全保证等。

3）采样器材（主要指采样器和水样容器）与现场监测仪器的准备。地下水水质采样器分为自动式和人工式两类，自动式用电动泵进行采样，人工式可分活塞式与隔膜式，可按要求选用。地下水水质采样器应能在监测井中准确定位，并能取到足够量的代表性水样。采样器的材质和结构应符合《水质自动采样器技术要求及检测方法》中的规定。采集水样的容器一般应使用磨口塞的硬质细口玻璃瓶或聚乙烯、聚丙烯塑料瓶。当水样中含多量油类或其他有机物时，以玻璃瓶为宜，当主要测定微量金属离子时，以吸附性较小的塑料瓶为好。

对水位、水量、水温、pH值、电导率、浑浊度、色、臭和味等现场监测项目，应在实验室内准备好所需的仪器设备，安全运输到现场，使用前进行检查，确保性能正常。

对采样容器的清洗应注意一般硬质玻璃容器，可根据要求用重铬酸钾、硫酸清洁液浸泡，或用碱、肥皂水清洗；优质塑料桶可用2％的硝酸溶液浸泡24h，或用合成洗涤剂洗涤，最后均用清水洗净。取水样时，必须再用所采水样冲洗2～3次，以保证水样具有真正的代表性。

水样容器的选择原则应考虑以下方面：

a. 容器不能引起新的沾污。

b. 容器壁不应吸收或吸附某些待测组分。

c. 容器不应与待测组分发生反应。

d. 能严密封口，且易于开启。

e. 容易清洗，并可反复使用。

（3）采样方法

a. 地下水水质监测通常采集瞬时水样，水样采集量应满足监测项目与分析方法所需量以及备用量要求，对需测水位的井水，在采样前应先测地下水位。

b. 从井中采集水样，必须在充分抽汲后进行，抽汲水量不得少于井内水体积的 2 倍，采样深度应在地下水水面 0.5m 以下，以保证水样能代表地下水水质。

c. 对封闭的生产井可在抽水时从泵房出水管放水阀处采样，采样前应将抽水管中存水放净；对于自喷的泉水，可在涌口处出水水流的中心采样；采集不自喷泉水时，将停滞在抽水管的水汲出，新水更替之后，再进行采样。

d. 采样前，除五日生化需氧量、有机物和细菌类监测项目外，先用采样水荡洗采样器和水样容器 2～3 次。

e. 测定溶解氧、五日生化需氧量和挥发性、半挥发性有机污染物项目的水样，采样时水样必须注满容器，上部不留空隙。但对准备冷冻保存的样品则不能注满容器，否则冷冻之后，因水样体积膨胀使容器破裂。测定溶解氧的水样采集后应在现场固定，盖好瓶塞后需用水封口。

f. 测定五日生化需氧量、硫化物、石油类、重金属、细菌类、放射性等项目的水样应分别单独采样。

g. 各监测项目所需水样采集量详见《地下水环境监测技术规范》中的附录 A，附录 A 中采样量已考虑重复分析和质量控制的需要，并留有余地。在水样采入或装入容器后，立即按附录 A 的要求加入保存剂。

h. 使用泵等设备采样时，需待管道中的积水排净后再采样；采集水样后，立即将水样容器瓶盖紧、密封，贴好标签，标签设计可以根据各站具体情况，一般应包括监测井号、采样日期和时间、监测项目、采样人等。

i. 用墨水笔在现场填写《地下水采样记录表》（见附录Ⅰ），字迹应端正、清晰，各栏内容填写齐全。

j. 采样结束前，应核对采样计划、采样记录与水样，如有错误或漏采，应立即重采或补采。

k. 地下水样品应在水流流出处或水流汇集处采集；在非经常开采的井中采样时，必须进行抽水，孔内积水情况排除后再行采样；采样时采样器放下与提升时动作要轻，避免搅动井水及底部沉积物。

（4）采样记录 地下水采样记录包括采样现场描述和现场测定项目记录两部分，每个采样人员应认真填写《地下水采样记录表》（见附录Ⅰ）。

（5）地下水采样质量保证

a. 采样人员必须通过岗前培训、持证上岗，切实掌握地下水采样技术，熟知采样器具的使用和样品固定、保存、运输条件。

b. 采样过程中采样人员不应有影响采样质量的行为，如使用化妆品，在采样时、样品分装时及样品密封现场吸烟等。汽车应停放在监测点（井）下风向 50m 以外处。

c. 每批水样，应选择部分监测项目加采现场平行样和现场空白样，与样品一起送实验室分析。

d. 每次测试结束后，除必要的留存样品外，样品容器应及时清洗。

e. 各监测站应配置水质采样准备间，地下水水样容器和污染源水样容器应分架存放，不得混用。地下水水样容器应按监测井号和测定项目，分类编号、固定专用。

f. 同一监测点（井）应有两人以上进行采样，注意采样安全，采样过程要相互监护，防止中毒及掉入井中等意外事故的发生。

2.1.2.4 样品管理

（1）水样的保存 水样的采集和保管方法在地下水污染调查中尤为重要。因为正确的采集和保存水样，使样品保持原来的各种物质成分，是保证分析化验结果符合实际情况的重要环节。所采集的样品，不但要求有代表性，而且还要求样品在保存和运送期间不发生变化，以免造成不客观的分析结果。

由于水中某些成分极不稳定，为了便于保存必须加入适当的保护剂，以提高其稳定性。样品采好后，应尽快地送往分析单位，以便实验室及时分析或妥善保管。这类需特殊处理的水样包括以下几种。

酚及氰化物在水中的含量一般甚少，且很不稳定，容易分解，最好能在取样后 4h 内进行测定。否则应在 1L 水样中加入 2g 氢氧化钠，使 pH 值大于 11，并保存于阴凉处或冰箱内，以提高其稳定性。

对铅、锌、镉、铜、锰、钡等金属元素，应在 1L 水样的玻璃瓶中加入 5mL∶1mL 的盐酸，使 pH 值在 1～2，以减少沉淀和吸附，保存较长时间。

汞在水中含量甚微且不稳定，须先在玻璃瓶内加入 50mL 浓硝酸和 5mL 2% 的重铬酸钾溶液，然后再取 1L 测试水样，以防汞的损失。

取含铁高的酸性水样时，为防止铁的沉淀，可在每升水中加入 10mL∶1mL 的硫酸及 1.5g 硫酸铵。取淡水水样时，每升水加入 pH 值为 4 的乙酸乙酯钠缓冲剂 3～5mL，以防产生沉淀。

氨氮一般要求采样后 6h 进行测定，否则应在 1L 水样汇总加入 0.8mL 浓硫酸作为保护剂。

测定溶解氧的水样要尽可能避免水样与空气接触，并在 250～500mL 水中加入 1mL 的硫酸锰（或氯化锰），3mL 碱性碘化钾，以固定溶解氧。

硫化氢也不稳定，有条件时最好在现场测定，否则可在 500～1000mL 水样加入 10％的醋酸铜 20～40mL，以固定硫化氢。

测定含甲醛的水样时，可每升加入 2mL 浓硫酸，以抑制细菌活动。

除测定溶解氧外，水样一般不要装满，应留有 10mL 的空隙，防止温度改变而挤出瓶塞。水样取好后，应及时详细填写标签，注明编号、位置、水温、气温、要求分析项目、取样人、取样时间、水样内加入保护剂的名称和数量等。

地下水水质监测分析方法应主要按国家环保局颁布的《环境监测技术规范》进行。新方法使用时，首先对新方法的精度、准确度做实验验证，通过大量的生产数据对比，证明方法的可靠性，然后推广使用。

（2）样品运输

a. 不得将现场测定后的剩余水样作为实验室分析样品送往实验室。

b. 水样装箱前应将水样容器内外盖盖紧，对装有水样的玻璃磨口瓶应用聚乙烯薄膜覆盖瓶口并用细绳将瓶塞与瓶颈系紧。

c. 同一采样点的样品瓶尽量装在同一箱内，与采样记录逐件核对，检查所采水样是否已全部装箱。

d. 装箱时应用泡沫塑料或波纹纸板垫底和间隔防震。有盖的样品箱应有"切勿倒置"等明显标志。

e. 样品运输过程中应避免日光照射，气温异常偏高或偏低时还应采取适当的保温措施。

f. 运输时应有押运人员，防止样品损坏或受污染。

（3）样品交接　样品送达实验室后，由样品管理员接收。样品管理员对样品进行符合性检查，包括：

a. 样品包装、标志及外观是否完好。

b. 对照采样记录单检查样品名称、采样地点、样品数量、形态等是否一致，核对保存剂加入情况。

c. 样品是否有损坏、污染。

d. 当样品有异常，或对样品是否适合监测有疑问时，样品管理员应及时向送样人员或采样人员询问，样品管理员应记录有关说明及处理意见。

e. 样品管理员确定样品唯一性编号，将样品唯一性标识固定在样品容器上，进行样品登记，并由送样人员签字，见表 2.4。

表 2.4　样品登记表

监测站名 _____

送样日期	送样时间	监测点(井)名称	样品编号	监测项目	样品数量	样品性状	采样日期	送样人员	监测后样品处理情况

送样人员 _____

f. 样品管理员进行样品符合性检查、标识和登记后，应尽快通知实验室分析人员领样。

（4）样品标识

a. 样品唯一性标识由样品唯一性编号和样品测试状态标识组成。各监测站可根据具体情况确定唯一性编号方法。唯一性编号中应包括样品类别、采样日期、监测井编号、样品序号、监测项目等信息。

样品测试状态标识分"未测""在测""测毕"3 种，可分别以 3 种不同的标志表示。样品初始测试状态"未测"标识由样品管理员标。

b. 样品唯一性标识应明示在样品容器较醒目且不影响正常监测的位置。

c. 在实验室测试过程中由测试人员及时做好分样、移样的样品标识转移，并根据测试状态及时做好相应的标记。

d. 样品流转过程中，除样品唯一性标识需转移和样品测试状态需标识外，任何人、任何时候都不得随意更改样品唯一性编号。分析原始记录应记录样品唯一性编号。

（5）样品储存

a. 每个监测站应设样品储存间，用于进站后测试前及留样样品的存放，两者需分区设置，以免混淆。

b. 样品储存间应配置冷藏设施，以储存对保存温度条件有要求的样品。必要时，样品储存间应配置空调。

c. 样品储存间应有防水、防盗和保密措施，以保证样品的安全。

d. 样品管理员负责保持样品储存间清洁、通风、无腐蚀的环境，并对储存环境条件加以维持和监控。

e. 地下水样品变化快、时效性强，监测后的样品均留样保存意义不大，但对于测试结果异常样品、应急监测和仲裁监测样品，应按样品保存条件要求保留适当时间，留样样品应有留样标识。

2.1.2.5 资料整编

（1）原始资料收集与整理

a.各环境监测站应指派专人负责地下水监测原始资料的收集、核查和整理工作。收集、核查和整理的内容包括监测任务下达，监测井布设，样品采集、保存、运送过程，采样时的气象、水文、环境条件，监测项目和分析方法，试剂、标准溶液的配制与标定，校准曲线的绘制，分析测试记录及结果计算，质量控制等各个环节形成的原始记录。核查人员对各类原始资料信息的合理性和完整性进行核查，一旦发现可疑之处，应及时查明原因，由原记录人员予以纠正。当原因不明时，应如实向科室主任或监测报表（或报告）编制人说明情况，但不得任意修改或舍弃可疑数据。

b.收集、核查、整理好的原始资料及时提交监测报表（或报告）编制人，作为编制监测报表（或报告）的唯一依据。

c.整理好的原始资料与相应的监测报表（或报告）一起，须经科室主任校核、技术负责人（或授权签字人）审核后，方可上报监测报表（或报告）。

d.将审核后的原始资料与相应的监测报表（或报告）副本一起装订成册，妥善保管，定期存档。

（2）监测资料整理　凡国家监测点，必须建立环境基本情况登记表说明监测点含水层类型，井、泉的地质条件与结构，地下水开采使用情况和附近的人类活动状况等。

监测点则用 1：（25000～200000）的比例尺地形版图标示，用不同符号标明各监测点含水层类型并予以编号。

监测数据应按枯水期、丰水期及平水期三个时期，以现行生活饮用水卫生标准为权重进行各种毒物或指标的检出率、超标率及检测值的统调，并编制排版。

监测数据应编制成 1：（25000～100000）的比例尺的污染分布图、离子含量图（或等值线图），或检出超标点分布图。

最后应编辑整理监测结果，说明地下水的污染状况和趋势，并对今后地下水污染防治提出具体建议。

（3）水质资料整编　通过布点、采样、分析，获得了大量的水质监测数据，这些数据是零散的、不系统的，有些可能是错误的，不能很好地为工农业生产、环境保护工作服务。所以，必须对这些监测数据进行整理，即把零散的、不系统的监测数据汇集在一起，通过一定的要求使之成为正确的、系统的、完整的水质资料，这就是水质资料整编。水质资料整编包括两个阶段：水质资料的初步整编和水质资料的复合汇编，习惯上把前面称为整编、把后面称为汇编。

水质资料整编是以基础水环境监测中心为单位进行的，是对水质资料的初步整理，是整编过程中最主要、最基础的工作，它的工作内容如下所述。

a. 搜集原始资料：包括自监测任务书、采样记录、送样单至最终监测报告及有关说明等一切原始记录资料。

b. 审核原始资料：对以上的各种原始资料，按规范的要求进行全面的审查。如发现可疑之处，应查明原因加以改正并做记录。若原因不明，则应如实说明情况，不得任意修改或舍弃数据。

c. 编制有关整编图表：编制水质监测站监测情况说明表及位置图；编制监测成果表；编制监测成果特征值年统计表。

（4）绘制监测点（井）位分布图 监测点（井）位分布图幅面为 A3 或 A4，正上方为正北指向。底图应含河流、湖泊、水库，城镇，省、市、县界、经纬线等，应标明比例尺和图例。每个监测点（井）旁应注明监测点（井）编号及监测点（井）名称。对某一监测点（井）如需详细表述周围地质构造、污染源分布等信息时可采用局部放大法。

（5）开发地下水监测信息管理系统 开发地下水监测信息管理系统，是实现地下水监测信息"传输-处理-综合-发布-共享"为一体的、为地下水环境保护提供优质服务的重要技术支撑。

1）需求分析。为开发地下水监测信息管理系统，首先应进行充分的系统需求分析。以本规范为基础，详细分析本规范的全部内容，包括监测点（井）分类、监测目的、监测项目、样品采集、测试分析过程、资料整理等，同时通过系统调研，了解各级环境保护行政主管部门、科研单位、社会公众等不同用户对地下水监测信息的各种需求，编写系统分析报告，并附数据流程图、输入表及输出表等。系统分析报告应通过有关专家审定。

2）编码。地下水监测信息管理系统的开发要使用大量的信息编码（或称代码），如监测点（井）位编码、监测点（井）类型编码、河流编码、流域编码、使用功能编码、监测期编码、监测项目编码、分析方法编码、分析仪器编码等。在编码时，应优先使用国家标准编码法，没有国家标准时，应采用行业标准编码法。只有在既无国家标准又无行业标准时，方可自行编码。编码时要注意编码的科学性、唯一性和可扩充性。

3）原始数据。地下水监测信息管理系统应能保存监测原始数据及其一系列相关的背景数据，即任一个监测数据要与监测点（井）位、点（井）位类型、监测时间、分析方法、分析仪器、气象参数、水文地质参数及其他相关信息关联。这有利于监测数据的深加工利用，以满足不同处理方法和不同用户的要求。

4）计量单位。地下水监测信息管理系统中所有信息、数据的计量单位均应使用中华人民共和国法定计量单位。

5）数据准确性。一个建立在计算机上的信息系统能否成功运行，主要取决于能否正确地存入准确有效的数据。地下水监测信息管理系统存储的数据必须是按本规范要求测得的、有效的、有质量保证的数据。系统应有数据检查、修改的功能，以保证储存在计算机内数据的准确性。

对计算机管理的数据录入报表，填报人员、复核人员及技术负责人（或授权签字人）要认真检查、复核和审核。

6）数据上报。我国环境监测信息管理现状是分级管理、逐级上报。管理级别分为国家、省（自治区、直辖市）、地（市、州）和县（县级市）四级。各级环境监测网络的牵头单位分别是中国环境监测总站、省（自治区、直辖市）环境监测中心站、地（市、州）环境监测站和县级环境监测站。各级环境监测网络站组成成员及控制的监测井名单由同级环境保护行政主管部门公布。下级网络站的信息管理系统应含有上一级网络站所需要的监测信息，以利于逐级上报时提取。

7）系统目标。地下水监测信息管理系统应具有灵活、开放、可扩充的特点，界面友好、操作简便、与其他系统兼容性好并留有扩充空间和二次开发的余地。除满足本规范要求的各类监测报表外，还应满足环境保护行政主管部门例行报表、报告及辅助决策要求，同时应满足信息传输、各类用户随机查询和网上发布的要求。

2.2　地下水水质检测

本节所讨论的地下水水质检测主要是针对检测的技术手段，即对采集的水样进行分析处理，可通过物理化学手段结合相应的仪器设备进行分析检测。监测的污染物种类可分为有机污染和无机污染两大类，其中有机物污染源包括烷烃、卤代烃、含氧烷烃衍生物、其他复杂有机物；无机物污染源包括无机盐类、无机酸碱类、氧化物以及重金属污染。地下水检测项目和分析方法见附录Ⅲ。

地下水分析方法应符合相应标准，可选用ISO国际标准和其他等效分析方法。分析方法选择原则如下：

a. 优先选用国家或行业标准分析方法；

b. 尚无国家或行业标准分析方法的监测项目，可选用行业统一分析方法或行业规范；

　　c. 采用经过验证的 ISO、美国 EPA 和日本 JIS 方法体系等其他等效分析方法，其检出限、准确度和精密度应能达到质控要求；

　　d. 采用经过验证的新方法，其检出限、准确度和精密度不得低于常规分析方法。

参考文献

［1］ 钱家忠. 地下水污染控制 ［M］. 合肥：合肥工业大学出版社，2009.

［2］ 张永波，时红，王玉和. 地下水环境保护与污染控制 ［M］. 北京：中国环境科学出版社，2006.

［3］ 刘砚华，魏复盛. 关于突发性环境污染事故应急监测 ［J］. 中国环境监测，1995，11（5）：59-62.

［4］ 万本太. 突发性环境污染事故应急监测与处理处置技术 ［M］. 北京：中国环境科学出版社，1996.

［5］ 洪林，肖中新，蒯圣龙. 水质监测与评价 ［M］. 北京：中国水利水电出版社，2010.

［6］ 李昌静，卫钟鼎. 地下水水质及其污染 ［M］. 北京：建筑工业出版社，1983.

第3章
地下水污染修复技术

3.1 概　　述

地下水污染修复技术可根据不同标准进行分类。如，可将地下水污染修复分为主动式修复与被动式修复两大类。主动式修复指的是各种受人工干预，通过物理化学方法强化的各种地下水治理技术，通常需要专门的修复设备，工程量大，对周边自然环境的影响较大；被动式修复技术是利用天然能量（如势能、生物能、光合作用、化学能）而很少需要人工维护的修复技术，是一种低成本高效的技术，主要包括渗透反应墙、受监控下的自然净化等。

本节将根据地下水修复工程的处理方式，将修复技术分为原位修复、异位修复和地下水复杂污染修复三类。每一类中所介绍的修复技术主要来源是第4章中所汇总的地下水修复案例，主要介绍了修复技术的原理、相应的设备及优缺点等。

（1）原位修复　原位修复技术是地下水污染治理技术研究的热点，近年来的理论研究与实际应用逐步成熟，其使用比例呈逐年递增趋势，主要包括渗透反应墙法、原位冲洗法、植物修复法、空气注射法、射频放电加热法等方法。

原位修复技术不但处理费用相对节省，而且还可减少地表处理设施，最大限度地减少污染物的暴露，对表层环境扰动较小，减少对环境的扰动，是一种很有前景的地下水污染治理技术。但原位处理不易进行整个过程的管理和控制，监测和修复评价比较困难。化学还原、吸附和生物脱氮等工艺可以用于原位修复技术。这些工艺可以采用渗透反应墙或是注射井等方式来实现[1]。

原位修复技术是一种有效解决环境问题和保护人体健康的方法，但有其适用条件，各种方法都有一定的不足之处，所以将现有方法结合，探索一种生物—化学—物理相结合的高效、廉价的新途径是未来发展趋势，不仅是从方法上改进，更要优化反应条件。

原位处理技术可分为以下类别。

1）加药法。通过井群系统向受污染水体灌注化学药剂，如灌注中和剂以中和酸性或碱性渗滤液，添加氧化剂降解有机物或使无机化合物形成沉淀等。

2）渗透性处理床。是在污染羽流的下游挖一条沟，该沟挖至含水层底部基岩层或不透水黏土层，然后在沟内填充能与污染物反应的透水性介质，受污染的地下水流入沟内后与该介质发生反应，生成无害化产物或沉淀物而被去除。主要适用于较薄、较浅含水层，一般用于填埋渗滤液的无害化处理。

3）土壤改性法。利用土壤中的黏土层，通过注射井在原位注入表面活性剂及有机改性物质，使土壤中的黏土转变为有机黏土。经改性后形成的有机黏土能有效地吸附地下水中的有机污染物。

4）冲洗法。对于有机烃类污染，可用空气冲洗，即将空气注入受污染区域底部，空气在上升过程中，污染物中的挥发性组分会随空气一起溢出，再用集气系统将气体进行收集处理；也可采用蒸汽冲洗，蒸汽不仅可以使挥发性组分溢出，还可以使有机物热解；也可使用酒精冲洗。理论上，只要整个受污染区域都被冲洗过，则所有的烃类污染物都会被去除。

5）射频放电加热法。在地下通入电流，通过将土壤加热到很高的温度，使污染物得到快速降解。

6）原位物化法。在运用时需要注意的是堵塞问题，尤其是当地下水中存在重金属时，物化反应易生成沉淀，从而堵塞含水层，影响处理过程的进行[2]。

（2）异位修复　异位修复是将受污染的土壤和地下水从原来的污染场地通过抽出或挖掘等方式转移到专门的处理场地，进行填埋或者进行化学、生物还原等方法进行处理从而达到修复的目的。

异位修复主要的方式包括地下水抽出-抽提、土壤迁移等。通常异位修复所需的运输量大，工程大，需要庞大的配套设施，对原有的地质结构和地下水流等影响较大，由于需要专门的处理场地，故修复成本较高，这种技术可以在较短时间内较高效地处理大量的受污染地下水，适用于污染物集中、量少的场合，移出后可方便地进行各种后续处理，但其拖尾和回弹会对修复带来影响，增加处理成本，所以该方法的有效性至今受到质疑。

根据污染物类型和处理费用来选用，大致可将异位修复技术分为以下三类。

1）物理法。包括吸附法、重力分离法、过滤法、反渗透法、气吹法和焚烧法等。

2）化学法。包括混凝沉淀法、氧化还原法、离子交换法和中和法等。

3）生物法。包括活性污泥法、生物膜法、厌氧消化法和土壤处置法等。

（3）地下水复杂污染修复　在工程实践中，往往都是多种污染物的复合污染场地，使用单一的修复技术难以达到预期的修复目标，由于各种修复技术的局限性和适用性不同，经济上也未必最合理。且各种修复技术都有最适用的污染物，为了能够实现修复技术使用的效益最大化，节省各种资源（人力、物力、财力）等，应探讨多种修复技术的联合使用方法，协同不同技术，实现不同技术的优势互补，高效快捷地实现污染场地的修复，克服单一修复技术的局限性。

根据修复场地的污染情况、修复目标等因素，可利用上述原位和异位修复技术的优势，进行两种或多种修复技术的组合，主要针对地下水复杂污染物的修复，该方法需结合场地实际情况进行选择，灵活性较大，本节列举了几种以说明问题。

3.2　地下水污染修复技术

3.2.1　原位修复

3.2.1.1　气提处理技术

（1）原理及构造　气提处理技术或称空气注射法是一种利用加压空气将未受污染的干净空气注入地下水污染区，通入含水层中，借由水中曝气作用，使得有机物质从溶解的液相中吹出移除，当其到达不饱和层中的土壤层时，可借由土壤气体抽除设备抽除，导入的空气使得污染物质由液态转变为气态（挥发），随后一起被后续设备收集并处理，是常用的原位处理技术。

也有气提技术是利用在污染区内设置直立式或水平式抽气井深入地下不饱和土壤层中，利用地面泵浦抽气，在井底附近形成一负压区，而使地下水位以上不饱和层土壤孔隙间的挥发性或半挥发性有机污染物质被抽出，抽出的气体导入空气污染处理设备，利用滤材吸附（如活性炭吸附）或气体冷凝等方式，将有害的成分与干净的空气分开，耗用的滤材与凝结液再进行最终处置。

气提处理技术使用气提设备，强制空气通过受污染的水体。气提设备通常包含一个充满物质的处理槽，受污染水体由泵打入处理槽中，并且均匀喷洒于填充物质上。喷洒的水滴形成细水流，往下流过填充物质的空隙，同时处理槽底部以风扇将空气由下往上导入。

当空气通过细小水流时，水中的污染物质会挥发出来，空气和污染物质继续往处理槽上部移动，最后由空气污染控制设备收集并净化。气提设备修复效果的好坏，与细小水流在填充物质中分散均匀性密切相关，通过处理器的设计使细小水流尽量均匀分散，从而可以使空气通过尽量多的水流，将更多的有害物质挥发出来。在处理槽底部安装有收集检测器，检测合格的地下水可回送至现场。若污染物质浓度仍然较高，可将污染水体注入同一处理槽或另一处理槽进行循环处理，或使用其他处理方法进行修复。

气提设备的尺寸与结构多样，除可将空气由下往上流过处理槽外，也可强制空气横向流过，均是利用细小水流通过槽内空气的同时，将污染物质挥发出来。通常，气提设备必须依照该污染场地有害物质种类和数量特别设计。抽气井设置数量可根据污染区范围与地质结构确定。

（2）适用范围　气提处理技术通常用于处理受污染的地下水，主要针对吸附于土壤或溶解于地下水中的挥发性或半挥发性有机物质进行处理，对于遭受油品污染的地下水修复整治，有良好的修复效果。

（3）技术优缺点　气体抽除法对于高挥发性有机污染物质的处理效果显著，具有高效、易操作、对周围环境扰动小等特点，但处理效果受限于场地的地质特性，尤其适用于较大孔隙率与较高渗透性的地质场地，但不能在承压水层中使用，修复效果受非均质介质影响显著，空气的大量注入有导致污染羽扩大的风险。当进行土壤气体抽提时，处理效果主要取决于土壤渗透性，渗透性越高，修复效果越好。

气提处理技术使用上相当安全。气提设备可被送至污染场址，受污染水体须转运至处理场，由于受污染水体进行清洁时存在于处理槽中，干净水体不会被污染。气提后产生的污染空气必须加以净化，并监测是否符合 EPA 标准。

3.2.1.2　固化/稳定化技术

（1）原理及构造　固化/稳定化技术是指通过将土壤与添加剂混合，利用添加剂与土壤中污染物质的相互作用，使得污染物转化为低毒（无毒）、难溶性的物质从而稳定固定在土壤中，降低污染物的迁移性，将污染物与周围环境相隔离。该技术主要包括固化和稳定化两个过程，一般是同时进行的。在操作上，可分为原位和异位处理两种方式。添加剂使用最多的是水泥，还包括沥青、石灰等[3]。

（2）适用范围　该技术可应用于受重金属、放射性物质及其他无机物和不挥发或半挥发性有机物污染土壤的修复。

（3）技术优缺点　固化/稳定化技术工艺简单，可利用现有的工程设备，但该技术的有效性受多种因素的影响，存在如下不足：

a. 增容比大，按照土壤：药剂＝1：1的比例估算，污染土壤处置后形成混合物的体积增大1倍。

b. 固化/稳定化后的混合体需要进行安全处置，且对混合体需要后期长期的监测和跟踪。

c. 化学吸附和老化过程都会影响这一技术的有效性。

d. 不能从根本上去除重金属。

e. 水分及有机污染物含量过高时，部分潮湿土壤或者废物颗粒会与添加剂接触黏合，而另一些未经处理的土壤会形成团聚体或结块，最终造成处理土壤和添加剂混合不均匀。

3.2.1.3　原位化学氧化/还原法

（1）原理及构造　原位化学氧化法是通过向地下水中加入强氧化剂，产生氧化还原反应分解或转化地下水中的有机污染物，形成环境无害的化合物的修复技术。使用效果较好的氧化剂包括过硫酸盐类氧化剂[4]。

原位化学还原法是利用铁屑等还原剂将金属离子（如 Cr^{6+}）还原为难溶的化合物，降低金属离子在环境中的迁移性和生物可利用性，从而减弱金属离子对环境的危害。根据所使用还原剂的不同，可将化学还原法分为铁系还原技术、SO_2 还原技术以及 H_2S 还原技术，工程实践中用到的还原剂主要是 Fe^{2+}，也包括如腐殖酸、氨基酸等还原性的有机物。

向污染土壤中施加氧化剂或还原剂的方式有很多，对于可溶性的试剂可以将溶液通过地表喷洒、深井灌注或混合搅拌等方式施加；对于固态的试剂可利用可渗透反应墙技术来实现[3]。

（2）适用范围　原位化学氧化法可去除的目标污染物种类广泛，可利用各种化学氧化剂，将土壤或地下水污染层中的石油化工类污染物转化为二氧化碳和水。过硫酸盐类氧化剂需要通过激活剂来增强其活性，达到更好的修复效果。

原位化学氧化法最主要的考虑因素是土壤与氧化剂的反应性，如果土壤中含有大量的其他有机质，可能会消耗大量的化学药剂，造成整治成本耗费。例如 Fenton 氧化剂（过氧化氢）可能不适用于含有大量碳酸盐的地下水，因为过氧化氢的氢氧自由基，在尚未与地下水中油品反应之前，即与碳酸盐离子进行反应而耗尽，造成药剂耗损与效率降低。相反地，含有大量碳酸盐的地下水，使用高锰酸盐类氧化物则有助于污染油品的氧化作用[5]。

（3）技术优缺点　原位化学氧化/还原法的特点是处理速度较快，相对于生物修复法而言，修复时间较短，工程使用安全，相较于修复技术具有成本相对低廉的优势。然而因处理场地的地质条件及使用试剂的特性不同，会限制氧化还原的速度及效果。因此须根据各种不同的场址状况选择适当的氧化还原试剂。

3.2.1.4　植物修复技术

（1）原理及构造　植物修复技术是指利用植物及其根际圈微生物体系的吸收、挥发、转化和降解的作用机制来清除环境中的污染物质。也即通过在污染场地种植对某种污染物有特定吸收作用的植物，通过植物根系的吸收富集作用实现土壤和水体中污染物的去除，之后将植物进行处理。

（2）适用范围　该技术通常用于修复受有毒金属（如土壤中的三价铬的螯合物）、有机物和放射性物质污染的土壤、沉积物、地表水和地下水。

由于修复植物需要适宜的环境条件，对污染物质的耐受性也是有限的，超过其耐受程度的污染土壤不适于采用植物修复技术；同时，修复的深度有限，一般仅限于表层土壤的修复。

（3）技术优缺点　植物修复技术对污染地下水的修复具有可行性，与传统的物理化学修复技术相比，具有投资和维护成本低、操作简便、具有潜在的经济效益等优点，植物修复过程也是绿化环境过程，对环境扰动少，易于为社会所接受，适合低浓度污染的大面积区域修复[6]。但在进行植物修复时，应该考虑修复场地的地质水文、污染物特性、高效植物的选择、管理监控等各方面的情况，才能保证植物修复的成功。且植物生长周期一般较长，难以满足快速修复污染土壤的需求等特点，使其在应用方面受到一定的限制。

利用植物修复的提取、挥发和降解作用可以就地永久性地解决土壤污染问题；植物修复的稳定作用可以绿化污染土壤，使地表稳定，防止污染土壤因风蚀或水土流失而带来的污染扩散问题。

3.2.1.5　原位生物修复技术

（1）原理及构造　生物修复是指采用工程化方法，利用原有的微生物或通过向污染场地注入细菌等微生物以及微生物生存所必需的营养物质，在可调控环境条件下通过微生物的生长繁殖、新陈代谢等过程将土壤、地下水和海洋中有毒有害污染物原位降解成 CO_2 和水，或转化成为无害物质的方法。

生物修复技术根据修复场地可分为原位与异位处理，根据工程量的大小又分为工程化的原位生物修复，借由工程方法提升生物分解的反应速率；以及自然衰减法，即利用原位既有的微生物在很少或无积极工程作用之下，自行降解污染物质[3]。

　　原位生物修复的原理实际上是自然生物降解过程的人工强化。它是通过采取人为措施，包括添加氧和营养物等，刺激原位微生物的生长，从而强化污染物的自然生物降解过程[2]。在工程技术上，原位生物修复技术是应用工程化的方法以强化生物分解污染物的效应，其基本要素是污染场地必须有能符合生物分解进行的条件，故必须先借助前期试验了解现场状况。通常原位生物修复的过程为：先通过试验研究，确定原位微生物降解污染物的能力，然后确定能最大程度促进微生物生长的氧需要量和营养配比，最后再将研究结果应用于实际。

　　现在所使用的各种原位生物修复技术都是围绕各种强化措施来进行的，强化措施还可以从微生物的角度入手，可以先在地表设施中对微生物进行选择性培养，然后再通过注射井注入受污染区域，或直接引进商品化菌种，都可以起到强化生物降解过程的作用。

　　总的来说，原位生物修复技术具体的工艺形式很多，但其原理无非都是自然生物降解过程的人工强化。一般情况下，原位生物修复要与井群系统配合运行，即通过抽水井与注水井的配合，以加速地下水的流动及氧和营养物的扩散，从而缩短处理时间。

　　(2) 适用范围　该技术可以应用于传统生物反应难以处理的受污染介质的修复。微生物不仅能降解、转化环境中的有机污染物，而且能将土壤、沉积物和水环境里的重金属、放射性元素及氮营养盐、磷营养盐等无机污染物清除或降低其毒性。微生物的活动可影响氮、硫、铁、锰等元素的循环。微生物可直接用于硝酸盐、硫酸盐的去除以及通过形成硫化物来沉淀金属离子。

　　(3) 技术优缺点　生物修复法具有相对较经济、环境影响小、降低污染物能力强等优点，与其他修复方法相比，所需能耗低，不需要引入其他有害的试剂，可利用土壤等介质原始的生物菌落进行环境修复，具有投资小、运行费用低、符合自然环境特性、可分解被吸附的污染物、整治技术所需的设备易获得、地表设施较少、污染物于地表的暴露量较低、对场地的扰动较少及二次污染防制较容易等优点，未来具有很大的发展潜力。

　　生物修复技术在实际修复工程中已有大量的应用实例。微生物修复所需周期较长（通常需要5～8年时间）、治理深度较浅（较适合污染深度1m以内）、菌种的生存环境要求高等，使该技术受到一定的限制[7]。由于污染场地的特性等因素，生物修复技术在实际应用上也有其限制，且施工前通常需要较长时间的实验分析及现场试验等前期试验工作。

3.2.1.6　原位热处理

（1）原理及构造　原位热处理技术是加热有机污染物并通过收集井输送到地表，之后通过常规的方法进行处理。该技术通过向土壤输入热量来提高地下温度，从而提高挥发性和半挥发性污染物的去除效率。原位热处理技术的主要修复机制是蒸发，通过升高温度提高有机污染物在蒸汽中的分压，从而实现污染物的分离。有研究表明热量会改变土壤的黏度，降低对污染物的吸附作用，从而提高污染物的溶解性和挥发性，有助于受挥发性有机物（VOCs）和半挥发性有机物（SVOCs）污染场地的修复。

根据热量传递和分配形式的不同，原位热处理技术可分为蒸汽/热空气注射与抽提、电阻加热、热传导加热、射频加热等。

1）蒸汽/热空气注射与抽提

a. 基本原理。蒸汽/热空气注射与抽提主要是通过向地下注射蒸汽/热空气来溶解、蒸发和移动污染物，之后使用抽提设备将流动的污染物从地下抽出，再用传统技术进行处理。

持续注射蒸汽/热空气会在地下产生 3 个不同的温度区域：在注射点周围形成蒸汽等温区，污染物的去除机制主要是蒸汽蒸馏和取代；相对较窄的可变温区，该区域内物理因素（诸如黏性、膨胀性等）在污染物的传输中起到了重要作用；环境等温区，蒸汽发生浓缩形成污染物堆积，直接取代是污染物的主要去除机制。蒸汽/热空气注射通过提高热量传递和污染物蒸汽的转移速率，减弱修复过程中污染物的向下流动趋势，其处理污染物多为 VOCs、SVOCs 和燃料。

b. 影响因素。蒸汽/热空气注射与抽提的适用性主要取决于土壤的渗透性、污染物所处深度、土壤类型以及污染物种类。土壤的渗透性决定了蒸汽/热空气穿过土壤的速度。蒸汽/热空气注射与抽提去除污染物的另一影响因素是土壤的多样性及土壤与污染物的反应能力。污染物自身的物理化学性质（如挥发性）也能影响其去除效果。

c. 设备组成与安装。蒸汽/热空气注射与抽提系统主要由蒸汽/热空气发生装置、蒸汽/热空气分配系统和蒸汽/热空气、地下水以及自由组分抽提系统组成。在污染范围较小的区域，一般为以多个注射井围绕一个位于重质非水相液体（DNAPLs）污染区中心的抽提井的设计结构。在这一结构中，注射井被安置在污染源头周围的未污染区域，从而将污染物向外扩散的危险性降到最低。在某些特定情况下，蒸汽/热空气也会由 DNAPLs 污染区中心注入，周围的抽提井提供液压和气动控制。对于污染范围较大的区域，通常使用多重注射井和抽提井组合的方式。蒸汽/热空气注射与抽提装置的重要操作参数包括蒸气压、蒸汽质量（蒸汽的饱和水平）和连续注射的能力（能否使蒸汽等温区到达抽提井）。

2）电阻加热

a. 基本原理。电阻加热是将电极直接安装在低渗透性土壤介质中，强制电流通过土壤，起到加热土壤介质、去除污染物的作用。在加热过程中，依靠土壤孔隙中的水分传导电流，因此地下温度受限于当地大气压下水的沸点，一般地下温度在电阻加热 2～3 个月后才会达到水的沸点，并且土壤不能被烘干。当电阻加热系统安装于地下水位以上等低水分介质中时，加热期间需要将水注射到介于土壤和电极之间的环形空间，以防止电极周围的土壤被烘干。所安装的电极本质上可以看作是具有分配电流功能的抽提井，能够对土壤及地下水中加热蒸发的污染物进行抽提。电阻加热的目标污染物有 VOCs、SVOCs 和 VOCs-石油混合物[8]。

b. 影响因素。电阻加热过程中，介质电阻率是影响处理效果的最重要的因素。土壤介质电阻率主要由污染物组分、间隙水中溶解性盐类或离子含量及土壤自身的离子交换能力等决定。土壤总有机碳含量还会对修复周期产生一定影响。此外，土壤电阻率随土壤温度的增加而降低。对于使用电阻加热技术处理的大部分目的污染物，其去除机制主要是蒸发和土壤气相抽提（SVE）捕集。

c. 设备组成与安装。电阻加热系统主要由电极组成，电极的安装方法通常取决于地面的空间限制或者地质情况，电极之间的水平间隔通常在 4～8m。电极间隔的选择受土壤类型、地下水饱和度、土壤电导性的影响，最终间隔大小需要权衡加热效率和成本之间的关系。为维持良好的电接触，以防止过分干燥及电极电压故障，还需配备能够向地下注射水或盐水的辅助设备。

3）热传导加热

a. 基本原理。热传导加热技术通过安装垂直加热井及真空抽提井，或者安装表面覆盖型加热器及真空绝缘覆盖物的方式将热量输送到地下土壤中去，热量主要通过热传导和辐射热的形式交换传递到地下。该技术通过将土壤加热到较高的温度（>500℃），从而使大部分有机污染物被氧化或者热解。

热传导加热技术的显著特点是能将土壤加热至远超过沸点的温度（>500℃），因此特别适用于诸如多氯联苯、多环芳烃、杀虫剂、除草剂等 SVOCs 的去除。低沸点的化合物，诸如氯代溶剂也能够用热传导加热技术进行处理。

b. 影响因素。热量在土壤中的传导受温度梯度的影响，需要一定的平衡时间，地下加热的均一性受平流热传递、土壤热传导性、土壤含湿量及穿过地下水流的热损失的影响。土壤的其他性质，诸如渗透性、碳成分、粒度和矿物质含量等也会对热量传导有一定影响。

c. 设备组成与安装。热传导加热系统通常由地下加热系统和真空抽提系统组成。地下加热系统的间隔取决于污染物的类型和深度、土壤类型和含湿量、功率输出、加热器之间所需的最小温度以及达到该温度所需的时间。为防止化学沉淀物渗透到处理区，减少地表热损失，处理区通常使用不渗透和绝缘的表面密封材料覆盖。

4）射频加热

a. 基本原理。射频加热技术是在污染场地插入同轴传输线和高频发热电极，通过射频波向地下辐射热量，促进土壤中的污染物大规模蒸发，提高污染物在土壤中的蒸气压和移动性，从而提高抽提系统的速率和效率。射频加热技术能够将地下温度加热到远超水的沸点，通常能够达到 $250\sim400℃$ 的高温，因此能够较快地去除高沸点污染物。此外，射频加热后的地下条件有利于残留污染物的生物降解。射频加热技术适用于处理 VOCs、SVOCs、VOCs-石油混合物及其他难以用常温真空抽提去除的有机化合物。

b. 影响因素。虽然射频加热技术在传热过程中受土壤的渗透性和热传导性影响较小，但从处理效果上看，该技术目前最适合在不饱和土壤中应用。饱和土壤需要脱水后再进行射频加热处理，而脱水过程会增加处理成本、降低处理效率。此外，操作温度、处理周期、蒸汽收集及处理系统的设计和操作也会影响射频加热技术的处理效果。

c. 设备组成与安装。射频加热系统通常由三相供电设备、射频源、高频加热系统、监测控制系统、接地金属防护罩及蒸汽采集和处理系统组成。射频加热系统一般为现场组装，首先通过钻孔安装诸如抽提井、温度监测井、电磁场监测井等地下装置，地下装置安装完成后在整个区域内安装蒸汽屏障，抽提井通过真空多歧管连接到蒸汽处理系统，处理后的区域必须进行冷却。金属对射频能的吸收也限制了射频加热技术在含金属和其他导电物质污染场地的修复应用。

（2）适用范围　重质非水相液体（DNAPLs）是指密度大于水且与水不互溶的污染物，DNAPLs 在土壤及地下水环境中具有稳定性、低溶解性和低蒸发性的特点，因此，被 DNAPLs 污染的土壤和地下水自然衰减相对缓慢，通常由 DNAPLs 造成的污染羽能在地下环境中存在数百年以上。由于处理不当及监测漏洞等原因，污染物在土壤及地下水中以重质非水相液体的形式引起的污染逐渐增多，相应的修复技术也得到了发展。原位热处理技术对修复受 DNAPLs 污染土壤及地下水效果良好。

（3）技术优缺点　原位热处理技术相对于异位处理技术可大大节省工程成本，但是修复时间相对较长，修复效果受到诸多因素的影响，如地下土壤及含水层性质、污染物的埋深等，修复效果具有不均匀性。

3.2.1.7 渗透性反应墙（PRB）

（1）原理及构造

1）PRB概述。渗透性反应墙技术又称渗透反应格栅技术，是通过在垂直于地下水流动方向设置活性渗滤墙，是一个以活性反应介质材料组成的构筑物，原理是依靠自然水力梯度。当地下水流通过活性渗滤墙时，墙体中含有降解挥发性有机物的还原剂、固定金属的络（螯）合剂、微生物生长繁殖所需要的营养物和氧气等用以增强生物处理或其他试剂处理，污染物与墙内介质材料发生物理、化学及生物反应，溶解的有机物、金属、核素等污染物被降解、吸附、沉淀或去除，以达到修复受污染的地下水的目的，一般安装在地下蓄水层中，是一种原位被动修复技术，见图3.1[9]。

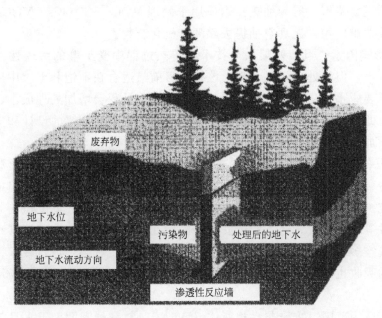

图3.1　渗透性反应墙示意[10]

渗透性反应墙的去除机理分为生物和非生物两种，主要包括吸附、沉淀、氧化还原和生物降解等。其他反应墙类型有微生物反应墙、原位氧化还原控制墙、地质虹吸墙等。

在设计和安装PRB之前，为了能使PRB技术的处理效果充分发挥，能有效捕获污染羽并能长期高效运行，前期勘察是十分重要的，在进行场地勘察时，应关注以下几个方面：地下水埋深，含水层厚度，地下水流方向，水力渗透系数，水力梯度，导水系数，含水层边界，断层的位置、周围岩层的透水性，气候条件（降雨等），地下条件（植被、微生物等）等。在对地下水污染羽特征进行描述时，应包含以下几个方面：污染羽描述，污染羽类型，污染羽行为，污染时间，污染路径，污染羽中各组分含量等。

PRB 技术比其他技术更经济的关键在于不耗能和长期运行效果好，因此在设计时需重点考虑在各种复杂因素下（如偶然性强降雨），PRB 是否能有效捕获污染羽流，如何避免反应介质堵塞或失效，监测井位置、深度是否合理等问题。对于复杂区域 PRB 技术的应用都需要经过一定的试点试验，再经过前期勘察资料的处理和分析，才能将 PRB 技术应用于更大的场地范围。

在进行 PRB 后期监测与维护时，为了能够精确衡量监测效果，需在上梯度、下梯度及 PRB 内布置监测井观测水位深度变化，并周期性地监测相关的水文地球化学参数、流速等。将监测井置于漏斗-导水门式 PRB 的侧墙，可以提供水位和水质数据，这些数据对决定 PRB 如何运行很重要，如当门内水位升高时，将减缓反应速率。监测井的布置要保证能够捕获污染羽流的各运动方向，且在浓度较高或接近反应墙的位置应集中布置。常用的监测指标有 pH 值、BOD、COD 等。

2）PRB 的结构类型。PRB 按结构类型可分为连续墙式和隔水漏斗-导水门式两种类型，如图 3.2 所示。

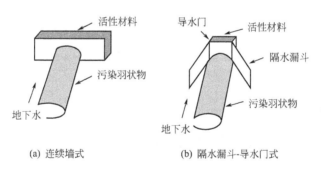

(a) 连续墙式　　　　　(b) 隔水漏斗-导水门式

图 3.2　PRB 结构类型[11]

连续墙式 PRB，即当地下水污染羽较小时，在流动下游区域内安装连续的活性 PRB，墙体垂直污染羽迁移途径，调整墙体的厚度和深度以确保能让整个污染羽状体通过。

连续墙式 PRB 的优点是连续墙结构比较简单，对流场的复杂性敏感度低，不会改变自然地下水流向，但当水体的污染羽范围比较大时，墙体尺寸也比较大，相对于隔水漏斗-导水门式，费用较高，但对天然地下水流动情况干扰小。

隔水漏斗-导水门式 PRB，是在地下水流动区域内设置障碍墙，将隔水漏斗嵌入其中，受污染地下水通过导水门汇集到较窄范围，再设置活性 PRB，地下水经渗透反应介质处理后得到修复。

由于使用低渗透性的板桩或泥浆墙来引导污染的地下水流向可渗透处理的

通道，其墙体尺寸较小，当墙体材料活性减弱或者墙体被化合物沉淀、微生物堵塞时容易清除和更换，板桩不用移动土壤。泥浆墙可根据墙体的性质，将挖掘的土壤加入墙中，以降低土壤的处置费用。

隔水漏斗-通道式反应墙的长度一般是污染带宽的 1.2 倍或 2.5 倍，同时也取决于非渗透墙和通道的比率以及通道的数量[12]。其优点是结构介质装填料少、反应区域小，缺点是干扰天然地下水流场。

3）构建 PRB 的考虑因素。设计反应墙时，为保证反应墙处理效果好、使用寿命长且使用方便，设计方案也要根据活性材料的构成做相应的变化，需要考虑以下几个方面因素[13]。

a. 反应材料应易得有效、费用低廉、不产生二次污染。

b. 多种污染组分应设计多个反应器的有效组合（包括不同类型、不同结构、不同反应材料等）。

c. 设计施工过程中要考虑地下水水流、地质环境、渗透性、人类活动等的影响，保证反应材料的有效使用，延长 PRB 系统使用寿命。

d. 根据污染物类型、降解速率及水流速率等选择适合的墙体材料和墙体厚度，确保修复效果。如当地下水流速率较快，为确保和污染物充分作用，则墙体必须要设计很厚，但也会增加成本。

e. 墙体的渗透性是最主要的考虑因素。一般要求墙体的渗透性是含水层的两倍，但理想状态是含水层的十倍以上。同时为了确保其渗透性，墙体通常由滤层、筛网和反应材料等组成。因为土壤环境的复杂性、地下水和污染物组分的变化等不确定因素，常使墙体的渗透性随时间逐渐降低。如细土颗粒的沉积，碳酸盐、Fe_2SO_4、Fe_2O_3、$Fe(OH)_3$ 及其他化合物的沉淀析出，其他的可能降低墙体渗透性的未知因素都有可能造成系统的渗透性降低。

f. 墙体内应设计管道系统，以便注入用于冲洗的水或空气，消除沉淀物或泥沙，或者搅拌材料。同时反应墙系统应设计为开放系统，便于对系统进行监测与检查以及反应材料的更新。

g. 还应考虑坡度均匀以便安装，以及当地水文地质、地形地貌、地下水埋深、含水层渗透性、墙体渗透系数、地下水流向与流速、地下水厚度、污染物浓度和范围以及人类活动等因素。

4）活性材料。活性材料是 PRB 的关键，PRB 反应介质与污染物的反应过程主要包括吸附、沉淀和降解反应。PRB 处理污染地下水所使用的反应材料一般根据污染物的组分及修复目的的不同而各异。可根据污染地下水的污染组分选择反应材料，甚至可组合多种反应材料来去除多种污染物或使反应材料的反应活性得到提高。

为保证 PRB 系统的有效性，PRB 的活性材料需满足一定的要求，同时应根据水文地质、地形地貌等因素进行综合考虑[14]，具体可归纳为下述几点：

a. 能和污水水流发生物理、化学或生物反应，确保污染物全部清除。

b. 反应材料常见、易大量获得、具备较强的抗腐蚀性。

c. 污染水流经反应墙时，反应材料不应有过小粒径，不应产生二次污染。

d. 活性保持时间长，能最大限度发挥作用。

e. 变形较小，在水力和矿化作用下保持稳定，对污染物吸附或降解能力强。

f. 活性保持时间长；粒度均匀，易于施工安装。

g. 环境相容性好，反应介质不能导致有害副产品进入地下水。

常见的经济又适用的活性材料有：零价铁、活性炭、石灰石、沸石、黏土矿物、铁的氧化物和氢氧化物、离子交换树脂、硅酸盐、磷酸盐、高锰酸钾晶体、泥煤、树叶、锯末、稻草、堆肥、泥炭和砂的混合物、煤炭、微生物和轮胎碎片等[15]。下面选择几种使用较多的活性介质加以介绍[9]。

a. 零价铁。零价铁具有很强的化学还原性，与地下水中的金属离子以及拥有氧化作用的有机物发生氧化还原反应，零价铁提供电子给水样中以高价态存在的重金属，使其被还原，以单质或其他不可溶的物质析出，从而去除。

在地下水污染修复中，零价铁是最常用的反应材料，能有效吸附和降解多种重金属和有机污染物（如 PCE、DCE 等），可与多种有机污染物与无机污染物反应，包括多种氯代烃、有机氯农药及毒性金属，如对地下水中砷污染治理效果很好，具有价格便宜、对含氯有机物的降解速率及铀的去除效率较高、无需额外能量供应、可与其他材料混合使用，构成复合材料等优点，得到了广泛的重视和实际应用。

b. 纳米铁。纳米铁是指粒径在 $1\sim100nm$ 范围内的零价铁颗粒，属于亚胶体颗粒。在金属离子污染液中，由于纳米铁具有颗粒小、比表面积大、反应活性高等特点，纳米铁比零价铁有更高的还原效率和反应速率，作用机理主要是将金属离子还原为难溶态物质而析出。

c. 炭材料。炭材料主要是利用自身的吸附作用去除地下水污染羽中的可吸附污染物。炭材料种类较多，包括各种非晶态活性炭、石墨及生物炭材料。应用较广泛的是粉状活性炭和粒状活性炭。

活性炭具有较发达的空隙结构、较大的比表面积，还有独特的表面官能团（如羧基、羟基等），因而对溶液中的有机或无机污染物以及胶体颗粒等有很强的吸附能力。

d. 沸石。沸石是一种天然硅铝酸盐矿石，具有内表面积大、多孔隙、强吸附能力和离子交换能力等特点。利用沸石所具有的离子交换能力，可对部分金属实现良好的去除，对氨氮具有很好的去除效果。

e. 膨润土。膨润土是以蒙脱石为主要成分的黏土岩。膨润土具有大比表面积、良好的吸附能力和阳离子交换性，可用于处理污染水体中的金属离子和氨氮等。

（2）适用范围　PRB 技术能有效吸附和降解多种重金属和有机污染物，可应用于受含氯碳氢化合物（如 PCE、TCE、氯乙烯）、金属（如 Cr、U、As）和其他污染物污染的地下水修复。理论上，只要已知污染物的转化过程、安装一些合适的反应材料，营造所需的地球化学或微生物环境，几乎所有的污染物都可得到治理。

通常 PRB 去除地下水中污染物的针对性较强，即对某一类污染物的去除效果较好，而对其他污染物的去除效果较差。但地下水污染物不是单一的，所以在选取反应材料时要综合考虑，采用混合介质材料，而采用混合介质材料时要做一定的条件试验，确定最佳配比，提升综合处理效果，以确保 PRB 系统的有效性、经济性、长期性，并达到最佳的地下水污染修复。

渗透反应墙只适合于浅层地下水，许多 PRB 安装深度小于 12m，需要开发新的墙体安装技术用以延伸墙体安装深度，以便修复更深的污染地下水。随着墙体安装深度的增加，墙体的厚度需要尽可能减小，以便于安装施工及降低费用，为此需要设法增加墙体材料的反应活性以尽可能减少墙体尺度。

（3）技术优缺点　PRB 具有原理简单、施工方便、低耗能、高效率、投资费用低、处理效果好、能持续进行原位处理、处理组分多且运行费用低廉等特点。与传统的泵-处理方式相比，该技术至少能节省 30% 以上的操作费用。不仅在处理效率和设计、装置、修复及连续监测等成本方面较其他常规处理方法具有明显的竞争优势，而且还具有机械性能简单、无需人工、不破坏地下水动态平衡、不会造成地表污染、不会引起污染水与非污染水的混合、处理区可以再应用、运行与维护费用小、与其他处理技术结合使用可完全在原地处理大量污染物、不存在具有侵害性的表面建（构）筑物及设备等优势。

由于污染组分是在天然水力梯度作用下流经反应墙，经过活性材料的降解、吸附等作用而被去除，所以该技术不需要提供额外能量和地面处理系统，而且活性介质消耗很慢，有几年甚至十几年的处理潜力，反应墙一旦安装完毕，除某些情况下需要更换墙体反应材料及需长期监测外，几乎不需要其他运行和维护费用，不影响生态环境，对于处理各种地下水污染具有良好的效果[14,16]。

PRB 技术是目前比较成熟的原位修复技术，但是该技术只适用于比较浅的含水层（小于 1.27m），并且必须对污染区进行详细的勘测和描绘，不能保证污染斑块中扩散出来的污染物完全按要求得以拦截和捕捉，不能控制与治理反应墙下游的污染羽、沉淀及生物附着引起墙体渗透性降低等缺点。此外，传统施工技术即土体开挖方法有待研究、改进和提高。

制约渗透反应墙广泛应用的主要因素是渗透反应墙的长期有效性。在渗透反应墙运行的过程中，地下水中的污染物在墙体表面不断积累，使得墙体活性介质饱和，甚至失去活性，因此必须定期更换反应物质，以保证处理效率。若介质材料的粒径过小，或受介质的截留沉淀等作用，可能造成反应器的堵塞，影响 PRB 的使用寿命，而更换下来的活性材料需作为有害废物加以处置[12]。

目前尚无足够的长期监测数据证实 PRB 的整体性能及其长期有效性。部分试验表明，反应墙通常在 6 年内运行状况良好。但仍然需要更多和更长时间的实验来研究如何最大限度延长活性材料使用年限以及当活性材料失活后如何更方便地激活或更换。

3.2.1.8　简单物化法

（1）屏蔽法　屏蔽技术是在地下建立各种物理屏障，如物理墙技术等，将污染土壤的范围与周围的未污染土壤分隔开来，防止污染物扩散的一种技术，适合于低毒和低迁移性的污染物的治理。常用的灰浆帐幕法是用压力向地下灌注灰浆，在受污染水体周围形成一道帐幕，从而将受污染水体困闭起来。其他的物理屏障法还有泥浆阻水墙、振动桩阻水堵、板桩阻水墙、块状置换、膜和合成材料帐幕圈闭法等，原理都与灰浆帐幕法相似。

这种方法的优点是简单、快速且费用低，能治理大块的污染土地。但这只是一种暂时的措施，而不是根本意义上的修复技术。物理屏蔽法只有在处理小范围的剧毒、难降解污染物时才可考虑作为一种永久性的封闭方法，多数情况它只是在地下水污染治理的初期，被用作一种临时的控制方法。要最终消除污染，需要采取其他的处置方法[17]。

（2）臭氧处理法　该技术是向含水层中输入臭氧，形成分解石油微生物的生长环境，减少溶解有机碳的含量，同时可促使氰类物质分解。该方法的实施过程一般为通过在污染场地布设抽提井，将受污染的地下水抽到地表与臭氧均匀混合，之后将抽出的地下水通过设在污染带周围的注水井回灌到地下进行原位修复。地下水位在注水井下部被抬高而形成一道水墙，阻止了污染地下水向污染带范围之外的扩散和运动。可用于清除含水层中的石油和氰类物质。

（3）地下水曝气法　地下水曝气技术主要用于去除饱和土壤和地下水中可挥发的有机化合物。与其他修复技术相比，具有低成本、高效率和原位操作的优势，是地下水原位修复中使用较广泛的技术。地下水曝气法去除有机污染物的过程是一个多孔介质中多相流传质过程，其机理主要是挥发作用。而该过程又与空气在地下环境系统中的气流分布密切相关，气流分布又受到现场水文地质特性、曝气操作特性（曝气压力和流量）等因素的影响。

影响地下水曝气去除饱和区土壤和地下水中有机污染物效率的因素主要包括以下几个方面：目标治理区水文地质特性（土壤的渗透性和地层分布等）、地下水曝气操作特性（曝气深度、曝气压力和流量）、曝气方式和污染物的组成及其性质[18]。

（4）电动修复法　电动修复技术是利用插入土壤中的两个电极在污染土壤两端加上低压直流电场，在低强度直流电的作用下，水溶性或吸附态污染物根据带电荷不同向不同电极方向运动，通过电化学和电动力学的复合作用，土壤污染物在电极附近富集或被收集回收。

电动修复技术是一种高效的原位物理修复技术，主要适用于低渗透性土壤（由于水力传导性问题，传统的技术应用受到限制）的修复，适合于大部分无机污染物、放射性污染物及吸附性较强的有机物污染场地的修复，以及受重金属污染的浅层土壤的处理，能快速从根本上修复低挥发性重金属污染的土壤，不足之处是工程量大、费用昂贵，处理后土壤的组成会发生改变，而且土壤太黏和太湿都会影响处理效果[3]。

3.2.2　异位修复

3.2.2.1　多相抽提技术（MPE）

（1）原理及构造　多相抽提技术是指通过真空抽提的手段，同时抽取污染区域的土壤气体、地下水和浮油层到地面，之后进行分离和处理，可以高效地同步修复土壤和地下水，是一种环境友好的土壤和地下水原位修复技术。

该技术依据大多数有机物密度小从而浮于地下水水面的特点，通过将水面附近的地下水抽到地表，之后进行净化处理，为防止地面沉降或海水入侵等，需将处理过的地下水再注入地下。

通常抽出处理法是利用抽水井，将受污染的地下水抽出地面加以处理；抽出的地下水根据污染物的物理化学特性而有不同的处理方式。处理后的干净水可以借由污染羽上游处的注入井补注回地下水层，重复循环直到地下水的水质符合要求为止；处理后的干净水也可以补充至地面水体。前提必须符合当地法规规定的污水水质排放标准。干净的水补回地下层的方法，可作为控制污染物传输的水力阻隔墙，需注意的是抽水井的设置位置应在污染范围区内，否则非但没有阻隔效果，反而会加速污染物的扩散[5]。

受污染的地下水抽出后的处理方法与地表水的处理方法相同。在受污染的地下水的抽出处理中，井群系统的建立是关键，井群系统要能控制整个受污染水体的流动。有关井群系统的建立可参见第2章地下水水质检测部分，有相应的国家标准介绍。

根据污染场地的实际情况，对处理过的地下水进行排放，可以进入地表径流、回灌到地下或用于当地供水等。在实际修复中多采用回灌处理，一是为了稀释受污染水体，冲洗含水层；二是可加速地下水的循环流动，从而缩短地下水的修复时间。不仅有利于农业生产，而且也利用了土壤层进行天然净化，促使被污染地下水的循环交替并加快净化速度。但必须注意土壤层的自净能力、污染水体内有害物质的浓度、灌溉方式和灌溉制度等，以防土壤层产生毒化而带来的相反效果。

多相抽提技术修复地下水一般可分为两大部分：地下水动力控制过程和地上污染物处理过程。该技术根据地下水污染范围，在污染场地布置一定数量的抽水井，通过水泵和水井将污染了的地下水抽取上来，然后利用地面净化设备进行地下水污染治理。在抽取过程中，水井水位下降，往水井周围形成地下水降落漏斗，使周围地下水不断流向水井，减少了污染扩散。

MPE 系统通常由多相抽提、多相分离和污染物处理 3 个主要工艺部分构成。与传统抽提处理方式相比，MPE 最突出的特征就是采用真空或真空辅助的方式，实现污染物从地下环境向地表以上的迁移[19]。MPE 设备可分为单泵系统和双泵系统，单泵系统结构较为简单，适用的处理深度也较浅，通常在 10m 以内，之后通过多相分离过程，将气体和液体分别使用相应的方法进行处理。

地下水中的污染物组成可分为自由相、污染地下水和土壤气体三类，多相抽提就是通过将这三类物质从地下抽提到地面进行处理，最主要的方法是通过安装抽提井进行真空抽提，可使抽提井的影响半径显著增强，同时自由相回收速率提高 3~10 倍，显著减少修复时间。为实现该过程需要在地下安装布置抽提管路，同时需要安装后续的尾气处理系统。对挥发性污染物以及轻质非水相液体（LNAPLs）类场地具有较好的效果。

（2）适用范围　多相抽提技术主要应用于受挥发性有机物污染的土壤和地下水环境。对于多相抽提技术的适用性，可通过水文地质条件和污染物性质进行初步的评估。可根据场地的水文地质参数，如渗透系数、渗透率、导水系数、空气渗透系数、土壤的异质性、含水率等，以及污染物的性质，如吸附特性，污染物在土壤中的老化作用、生物可降解性，以及 LNAPLs 的性质等进行详细的多相抽提有效性评估。

影响地下水污染处理的抽出-处理技术修复效率的主要因素包括：

a. 污染物与水的不混溶性。许多污染物在水中的溶解度相当低，极难从地下水中冲洗出来。

b. 污染物扩散进入水流动性有限的微孔和区域。污染物通过扩散进入水流动性有限的微孔和区域以后，由于它们的尺寸很小且不易接近，冲洗十分困难。

c. 含水介质对污染物的吸附。解吸的速度慢，因此将吸附在地下土壤上的污染物冲洗下来是一个相当慢的过程。

d. 含水介质的非均质性。由于含水介质的非均质性，使得不能准确预测污染物和水流的运移规律，而查明这种规律对污染物的冲洗十分重要。

（3）技术优缺点　MPE技术具有修复效率高、影响面积大以及适宜高浓度污染土壤修复等优点，对地面环境的扰动较小，适用于加油站、石化企业和化工企业等多种类型的污染场地，尤其适用于存在非水相液态污染物情形的污染土壤与地下水的修复。

对有机污染物中的轻质非水相液体（LNAPLs）效果较好，不适用于重质非水相液体（DNAPLs）。由于工艺特点的限制，MPE适用于中等至高渗透性场地的修复，对挥发性较强及DNAPLs类污染物具有较好的效果，MPE实施的同时可以激发土壤包气带污染物的好氧生物降解。由于地下水中所含有的污染物种类繁多，加之地下水本身的复杂性，导致该方法的修复效果受到诸多因素的限制，有效性较差[2]。

MPE系统可同时处理存在于不同相中的污染物，如气相、自由相等，可适应多种场地，在渗透性较低的土壤中也可使用，有利于LNAPLs相的回收，对低挥发性污染物也有较好的处理效果，相比于其他技术修复时间较短。但相比传统的抽提工艺，由于处理的物相更多，因而抽提设备、处理工艺以及工艺调试更为复杂，修复成本也更大。

总体上说，与传统处理技术相比，MPE系统处理污染物的范围更大，能处理多种形态的污染物，在抽提技术运行的同时可以伴随好氧生物降解反应，修复效率大大提高，真空负压的运用也缩短了修复工期。与此同时，由于MPE系统的独特性，需要配套设备，且对场地水文地质条件有特殊要求，修复工程大规模开展前还需进行场地预测试。

多相抽提技术与双抽提系统相比，可减少污染物在场地中的残留及地下水的抽提量；与全抽提技术相比，能够降低乳化作用，同时兼具修复包气带污染土壤的作用，与气相抽提技术相比，扩大了修复范围，减小了含水层土壤被地下水再次污染的风险。

3.2.2.2　土壤异位清洗技术

（1）原理及构造　在污染地下水修复过程中往往会涉及土壤的修复。土壤和地下水有着密不可分的关系，二者相互作用，污染物往往是通过土壤的渗透等过程进入地下水中，同时地下水中的污染物也会吸附到土壤中，所以对于地下水污染修复问题，需要同时考虑土壤问题。如果只修复受污染的地下水而不修复土壤，由于雨水的淋滤或地下水位的波动，污染物会再次进入地下水体，形成交叉污染，使地下水的治理前功尽弃。

土壤异位清洗是指将污染土壤挖出后运送到特定的清洗装置中，使土壤与清洗液（水或添加了螯合剂、表面活性剂、pH调节剂等的溶液）充分混合并搅拌清洗，土壤中的污染物在水力冲刷及化学螯合作用下转入液相，然后通过固液分离使土壤与污染物分开，最终对清洗液进行处理，污染得以消除（图3.3）。

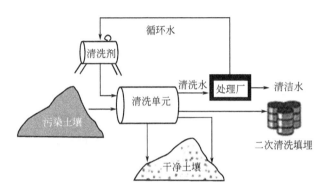

图3.3　土壤异位清洗工艺流程[3]

土壤清洗就是利用试剂将污染物从固相转移到液相中，从而实现污染物的分离去除，该过程受pH、土壤组分、氧化还原电位、竞争离子和离子强度等因素的影响，土壤中的有机物质，如腐殖质等对重金属离子有较强的螯合作用，应注意这种影响。

淋洗液的选择需要综合考虑当地土壤的特性。此外，还需要针对土壤特性，研究开发污染土壤一体式洗涤设备[3]。

（2）适用范围　土壤和地下水中的污染物质种类繁多，每年有大量的有机物释放到土壤环境中，包括芳香化合物、多氯代有机物、农药、石油等。除有机物外，重金属离子对土壤的污染也很严重。

土壤异位清洗可作为污染修复的前期处理技术，通过该技术可以将土壤中的大部分污染物清除，之后再结合其他技术将残留的未达标污染物进行处理。

（3）技术优缺点　清洗土壤所用的化学试剂，如EDTA等，虽然对重金属离子的去除效率较高，但是由于不易降解，对环境的危害较大，应尽量选用可生物降解的天然螯合剂等化学试剂，由微生物、植物或动物产生的生物表面活性剂，对重金属的去除效率高，对环境友好，是具有潜力的土壤清洗化学试剂。

3.2.2.3 异位生物修复技术

（1）原理及构造　生物修复法是环境生物技术领域最常应用的一项技术，生物修复技术可用于传统生物反应难以处理的受污染介质的修复。

异位生物修复是指将被污染介质（土壤、水体）移出和输送到别处进行生物修复处理。但这里的移出和输送是低限度的，而且更强调人为调控和创造更加优化的降解环境。异位生物修复包括生物反应器法、泥浆反应器法、土壤堆积法和堆肥法，其中对地下水的异位生物修复主要应用生物反应器法。

生物反应器法是一种适用于处理表土及水体的污染，其处理过程为：将地下水或地表水抽起，经过生物反应器降解后，再注入地下水或地表水中。生物反应器可为降解菌提供所必需的营养物质、溶解氧、合适的 pH 值及其他一些降解条件。反应器的类型有土壤浆化反应器、悬浮生长生物反应器、固定化膜反应器和固定化细胞反应器、厌氧反应器等。

（2）适用范围　生物修复技术可以应用于传统生物反应难以处理的受污染介质的修复。微生物不仅能降解、转化环境中的有机污染物，而且能将土壤、沉积物和水环境里的重金属、放射性元素及氯、磷营养盐等无机污染物清除或降低其毒性。微生物的活动可影响氯、硫、铁、锰等元素的循环。微生物可直接用于硝酸盐、硫酸盐的去除以及通过形成硫化物来沉淀金属离子。

异位生物修复技术主要是应用于受污染土壤和水体埋深较深，所处的修复环境不适宜微生物的生存，难以进行原位生物修复；同时传统的修复技术又难以达到预期的修复目标时所采取的修复方法。

（3）技术优缺点　生物修复法与其他修复方法相比，具有所需能耗低、不需要引入其他有害的试剂、可利用土壤等介质原始的生物菌落进行环境修复、投资小、运行费用低、符合自然环境特性、可分解被吸附的污染物、整治技术所需的设备易获得、地表设施较少、污染物于地表的暴露量较低、对场地的扰动较少及二次污染防制较容易等优点。

由于异位生物修复技术需要将受污染的土壤或地下水进行抽出处理，从而增加了操作和运行费用，也进一步限制了该技术的应用，可通过与其他技术的结合提高整体的修复效果。

3.2.2.4 简单物理法

（1）被动收集法　该法是在地下水流的下游挖一条足够深的沟，在沟内布置收集系统，将水面漂浮的污染物质（如油类污染物等）收集起来，或将所有受污染地下水收集起来以便处理的一种方法。被动收集法一般在处理轻质污染物（汽油类等）时效果良好。

（2）水动力控制法　水动力控制法是利用井群系统，通过抽水或向含水层注水，人为改变地下水的水力梯度，从而将受污染水体与清洁水体分隔开来。根据井群系统布置方式的不同，水动力控制法又可分为上游分水岭法和下游分水岭法。上游分水岭法是在受污染水体的上游布置一排注水井，通过注水井向含水层注入清水，使得在该注水井处形成一个地下分水岭，从而阻止上游清洁水体向下补给已被污染水体；同时，在下游布置一排抽水井将受污染水体抽出处理。而下游分水岭法则是在受污染水体下游布置一排注水井注水，在下游形成一个分水岭以阻止污染羽流向下游扩散，同时在上游布置一排抽水井，抽出清洁水并送到下游注入。

同样，水动力控制法一般也用作一种临时性的控制方法，在地下水污染治理的初期用于防止污染物的扩散蔓延[2]。

3.2.3　地下水复杂污染修复

地下水污染的治理相对于地表水来说更加复杂，地下水污染总是和土壤污染联系在一起，二者具有密切的联系，同时地下水中的污染物往往不是单一的，而是多种污染物的复合污染，各种污染物之间可能会发生物理、化学、生物等相互作用，生成新的污染物，污染物会随着地下水迁移，在迁移的过程中可能会与土壤中的物质进一步产生相互作用，并可能会吸附在土壤中或储存在岩石裂隙中，从而使得地下水污染变得异常复杂，给地下水修复带来了极大的困难。

由于各种修复技术都有各自的适用范围，都具有一定的优势和局限性，在具体的地下水污染修复工程中，使用单一的修复技术很难彻底清除污染物，达到修复目标，往往要多种技术结合使用。一般在治理初期，先使用物理法或水动力控制法将污染区封闭，然后尽量收集纯污染物（如油类等），最后再使用抽出处理法或原位法进行治理。

在联合修复技术中，往往一种修复技术对污染物的收集处理起到了主要的作用，在这种修复技术的作用下，污染物浓度可达到某种较低的水平，之后采用其他技术进一步处理，从而可消除污染物达到修复目标。

影响地下水污染修复的因素有很多，包括污染场地的水文地质条件和地球化学特性，在实际的地下水污染修复过程中通常要以水文地质工作为前提。在地下水污染治理过程中，地表水的截流也是一个需要考虑的问题，要防止地表水补给地下水，以免加大治理工作量。

3.2.3.1　土壤原位淋洗-地下水抽提技术

土壤原位淋洗技术是指借助能促进土壤环境中污染物溶解或迁移作用的溶

剂，通过水力压头推动清洗液，将其注入被污染的土层中，然后把包含有污染物的液体从地下水中抽提出来，进行处理和分离的技术。清洗液可以是清水也可以是含有化学助剂的溶液。它可以循环再生或多次注入地下水来去除剩余的污染物。后期由于污染物浓度的下降，可能存在拖尾现象，应与其他修复方法相结合，将还原剂等注入地下水，同时进行抽出处理[20]，作用原理如图 3.4 所示[3]。

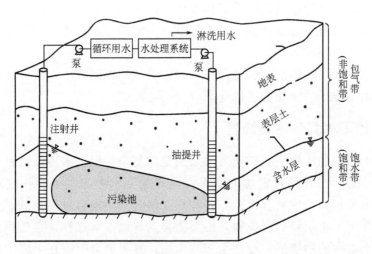

图 3.4　土壤原位淋洗-地下水抽提技术示意[3]

3.2.3.2　循环井工艺

（1）原理及构造　循环井工艺是基于挥发性有机污染物物理去除原理开发的修复技术之一，是在充分研究其他技术（如曝气技术、气提技术、吹脱技术等）的特点与缺陷的基础上，将曝气、气提、吹脱集成于一体，克服了地下水抽出处理周期长、水处理费昂贵，曝气处理影响半径有限、去除速率低的缺点，是一项新兴的地下水修复技术[21]。

图 3.5 所示为循环井工艺系统示意。循环井工艺使用的是将修复系统集成的单井系统，由曝气、抽提和吹脱三部分组成。井内曝气增加地下水中溶解氧含量及井内气流强度，同时抬升井内水位，促使井内地下水溢流进入井周围含水层渗流区域。潜水泵安装在井的底部，将地下水提升至井顶部后通过喷头向下喷淋，井内曝气和气体抽提增加气液传质界面，增强气体吹脱效果，同时，潜水泵的抽取促使井周围地下水由井底部进入井内，推动地下水循环。井的顶部安装真空密封装置，气提装置将井内和井周围非饱和带中的气体抽出，产生的负压进一步抬高了井内水位，扩大了水循环的影响半径。由以上过程可以看

出，循环井工艺系统实际上起着地下吹脱塔的作用。经过曝气、抽提、吹脱后富含溶解氧的水回到井内，水位抬升后溢流进入地下含水层渗流区域，水力作用加大了水循环的影响半径，也强化了地下水中微生物对有机物的好氧降解。循环井工艺曝气过程中还可以加入紫外线处理和臭氧处理，以提高不同污染物的处理效果。

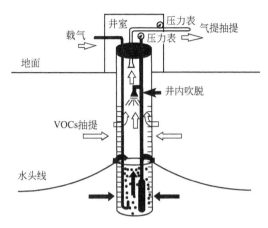

图 3.5　循环井工艺系统示意[21]

（2）适用范围　在修复过程中无注射、排放费用，也无地表排放和处理，可通过与多种技术组合，营造地下水力循环，适用于地下水、饱和区和非饱和区，对挥发性有机物（烃类、芳烃类、氯代有机物类）修复具有良好的效果，在修复过程中可增强烃类和甲基叔丁基醚的生物降解，可通过对现有的气提井/抽提井改造而组成复杂的部件，可用于修复其他技术无法达到修复目标的场地，具有较低的安装和运行维护成本风险。这些独特优势使得循环井工艺能够达到现有技术无法达到的修复效果。

（3）技术优缺点　循环井工艺是去除地下水中挥发性有机污染物的有效技术，对于强挥发性、中等挥发性和半挥发性有机物均能进行有效的治理修复，它能在较短的时间内加速场地修复进程和显著减少挥发性有机物（VOCs）浓度。循环井工艺在几周内达到的污染物去除效果是其他技术在几年内达到的效果。循环井工艺从曝气、抽提、吹脱、强化生物降解中获得的综合效果使得该技术成为卓有成效、高效经济的修复技术。

循环井工艺系统初始的投入费用和安装成本与单独的曝气系统相当，因为单独的曝气系统需要建立许多独立的气提井，与之相关的有挖掘和井位安装费用，循环井增加的泵和管道费用正好与之相抵消。与曝气技术相比，循环井工艺系统可节省 75% 的费用，实际的成本节省因场地而异。

3.3 地下水修复技术评价

3.3.1 简介

根据污染物的处理手段，在上节中将地下水修复技术分为原位修复、异位修复和地下水复杂污染修复三类，在每一类中列出了相应的修复技术，并对技术的原理、使用范围等情况进行了简单介绍。

随着地下水污染事件的频繁发生，为了更好地进行修复治理，已经发展了诸多的地下水修复技术。如上节所列出的那些，在实际修复工程中，仅使用一种修复技术往往很难达到修复目标，有时需根据受污染情况，进行多种修复技术的联合使用，从而可以更好地完成修复任务，提高修复效率，缩短修复周期，减少修复成本。

对地下水修复技术评价的目的是为了更好地比较各种技术的利弊和适用范围，以帮助读者了解在实际的修复工程中应如何更好地选择修复技术。每种修复技术各有利弊，在进行修复技术的选择时，需结合实际的污染场地情况，从场地的水文地质情况、污染物种类浓度、修复成本和对生态系统的影响等各方面综合考虑。

本节主要针对第 4 章统计案例中涉及的修复技术，从经济、时效、环境、操作和社会效应等方面进行了简单的比较评价，各种修复技术的原理、使用范围等参看上节内容，在实际修复工程中，仍需结合具体场地进行分析比较。

3.3.2 修复技术评价

3.3.2.1 经济评价

由于地下水修复问题的复杂性，相应的修复工程往往工程量浩大，加之修复工程所需时间较长，同时配套的修复设备和后期处理等，通常所需费用昂贵。针对不同的修复技术，在修复成本上差别较大，同时与具体的修复工程有关，与修复场地的水文地质结构及修复目标有关。

一般来说，原位修复技术相比于异位修复技术所需费用较少。在原位修复技术中屏蔽法、固化/稳定化技术、原位化学氧化/还原法、臭氧处理技术等技术所采用的方法均为在污染场地中直接加入添加剂，或进行简单的物理处理，无大型的修复设备或施工工程，故所需费用较少。

热解吸技术由于需要通过电加热或其他加热方式在地下水或土壤中产生大量的热，地下温度可超过几百摄氏度，能耗高，费用高；抽出处理技术需要安装抽提井及相关的配套设施，以及抽出地下水的处理回灌装置等，费用也比较高昂，费用包含泵出费用、处理费用、回灌费用这三部分；地下水曝气和气提处理等技术需要安装抽提井及相关的配套设备，故费用也较高；土壤淋洗有浓缩污染物的能力，因此可以作为其他技术的预处理，减少待处理的土壤体积，降低总费用。

渗透性反应墙安装简单，对设备的管理与维护要求低，但是受地下水埋深限制，主要的费用是用于反应墙的构建及相关的挖掘安装费用，后期基本不需要进行维护，相比其他技术费用居中；土壤淋洗技术施工较简单，操作容易，修复成本也低；注射井法在地下水埋深较大情况下从安装成本、能量消耗等经济条件考虑较为适合，但是设备管理与维护等方面的要求更加复杂；修复费用最低的是生物修复技术，由于生物修复技术是利用植物或者微生物的活动进行污染修复的，无论是原位或异位修复，相比于其他技术均不需要专门的修复设备，或者大型的工程施工费用，故修复费用较低。

3.3.2.2 时效评价

不同的污染场地有最佳的修复方案，在需要人为修复的污染场地中，通过地下水修复工程可以使地下水环境发生根本的改变，使污染物的浓度降到规定值以下，使地下水水质基本恢复到原始状态。

但是部分修复工程也会出现修复失败的情况，也就是地下水水质情况未得到明显改善，这时需要采用其他的修复措施进行补救以达到修复目标。

不同的修复技术在修复时效上不同，有的可以在短期内如几个月的时间就将污染物浓度降到很低，有的则需要进行多年的持续修复。

生物修复技术是利用植物或微生物的生理活动进行污染修复，所需的修复周期较长（通常需要5～8年时间）、治理深度较浅（较适合污染深度1m以下）、菌种对生存环境的要求高，相比于其他技术修复效率较低。

物理屏蔽法只是一种暂时性的处理措施，对于部分小范围的剧毒、难降解污染物时可作为一种永久性的封闭方法，但不能真正达到修复的目的。

原位化学氧化/还原法、固化/稳定化技术、渗透性反应墙技术是通过在污染场地加入添加剂从而加快污染物的分解清除速率，相比于生物修复法，修复效率较快。

原位热处理技术主要用于修复挥发性有机物污染的场地，由于该技术可在短时间内将土壤温度加热到上百摄氏度，可在很短的时间内将土壤和地下水中的挥发性污染物清除，处理过程易控制，适用于较难处理的重污染土壤，故该技术修复效率很高。

多相抽提技术、气提技术、循环井工艺是通过工程方式，加速地下水和土壤中污染物的迁移清除过程，技术成熟，应用广泛，修复效率适中。与传统处理技术相比，多相抽提技术系统处理污染物的范围更大，能处理多种形态的污染物，在抽提技术运行的同时可以伴随好氧生物降解反应，可将修复效率大大提高，可通过真空负压的运用缩短修复工期。

3.3.2.3 环境评价

地下水污染本身就是对土壤和地下水造成了破坏，而地下水污染修复工程在修复污染的同时，也会对周边环境产生影响。地下水修复工程不可避免地会对水文结构造成破坏，修复工程应将破坏降到最低程度。涉及的破坏主要是使地下水的水流方向分布改变，从而影响地表植被，修复工程用到的混凝土等结构在地下的存在也会使土壤受到破坏。不同的修复技术对环境的影响大小不同。

原位修复技术相比异位修复，对环境产生的影响也是较小的。其中物理屏蔽法、原位氧化/还原法、渗透性反应墙等，都是通过设置反应墙或屏障，或直接加入添加剂进行修复，修复工程中使用到的配套设施也较少，对水文地质的影响相对较小，对周围环境的影响较小。

生物修复法对环境造成的影响应该是最低的，由于生物修复法主要是利用植物、土壤或地下水中原有的微生物进行原位或异位吸附，具有很好的生物和环境相容性，无二次污染，无大型的施工工程等，基本不会对场地原有的水文地质产生影响，对修复场地周围的生态无明显影响。异位生物修复由于需要进行土壤或地下水的迁移转运，相比于原位生物修复来说，对环境的影响略大。微生物修复技术最常用于降解土壤中的石油烃，这项技术是环境友好的，但是修复周期过长。

土壤淋洗技术处理量大，见效快，对污染严重的土壤修复具有良好的效果，但可能会造成二次污染，对结构紧实的土壤处理效果不佳。

多相抽提或原位热处理需要布设众多的抽提井，或在地下安装电极等，需要的配套设备较多，对水文地质的破坏程度大，热处理技术需要将土壤温度加热到上百摄氏度，会将场地原有的生物菌落全部杀死，破坏土壤结构，故对生态系统的影响较大。循环井工艺由于将曝气、气提、吹脱集成于一体，使得工程量较少、修复效率明显提升，相比于多相抽提或原位热处理等技术的单独使用，对环境的影响较小。

3.3.2.4 操作评价

地下水污染修复工程的进行通常分为以下几个阶段：污染场地的考察、研究讨论修复方案、修复工程的施工和后期监测评价。

在修复工程的施工阶段，根据不同的污染场地结合选定的修复技术，在施工的技术难易程度、对环境的影响、施工的工期等方面会有很大的不同。

多相抽提技术、气提技术、循环井工艺相比于其他技术工程量大、所需的配套设备多，除循环井技术开发较晚，其他技术较成熟，应用广泛；而渗透性反应墙由于主要的施工是反应墙的构建安装，后期基本不需要维护，故操作较简单；热处理技术所需要的修复设备较多，处理过程易控制；生物修复技术相比于其他技术无大量的施工工程，操作最容易；固化/稳定化技术、原位化学氧化/还原技术与渗透性反应墙类似，操作也较简单。

土壤气相抽提（SVE）和热解吸技术主要用于受有机物污染土壤的修复，其处理效果、成本和周期都符合城市对土壤修复的要求。SVE 技术多应用于卤代和非卤代挥发性和半挥发性有机物的降解中，其对低挥发性有机物和有机农药等物质的处理效果较差。而热解吸技术对于处理卤代有机物、非卤代的半挥发性有机物、多氯联苯（PCBs）以及高浓度的疏水性液体等污染物有优势，但这项技术会破坏土壤结构和生物系统。

3.3.2.5 综合评价

对地下水修复工程的评价应从本章所述各节进行全方位的考量，但是不局限于以上这些内容，在实际的修复工程中，可能会有对地下水修复的特殊要求，这种情况下，就需要单独对该项进行修复评价。在具体的修复技术的选择过程中都要根据水文地质条件和当地经济等情况进行综合考虑。

总的评价原则就是是否达到了预定的修复目标。在达到修复目标的同时，是否对环境的影响降到了最低，所选修复技术和方案是否在工程和经济上达到了最优，是否产生了良好的社会效应等。

每种修复技术各有利弊，都有一定的适用范围，在选择具体的修复技术时，必须结合具体的污染场地的特点，包括场地的水文地质条件、污染物的种类浓度、对周边生态环境的影响等综合考虑，才能够确定最优的修复方案和修复技术。在具体的修复过程中，可能使用单一的修复技术无法达到预期的修复目标，这时就需要多种修复技术的联用，在不同修复技术进行组合选择时，又需从修复时效、修复成本等各方面综合考虑，以确定最佳的修复方案。

在实际的污染修复过程中使用较多的是抽出处理、气提处理、生物修复和固定/稳定化处理，自然衰减法、热处理法、多相抽提技术、渗透性反应墙、化学氧化/还原法、地下水曝气技术也经常被采用，相比别的修复技术，循环井技术、植物修复技术使用较少。

对很多地下水污染场地来说，如有机复合污染场地，单独一种修复技术很难在有限时间内达到修复目标，或者不具有经济可行性。需采用多种技术的联合修复，如多相抽提结合原位化学氧化法，就是一种适用于修复目标较严格的有机复合污染场地且存在 LNAPLs 自由相的修复技术。

参考文献

[1] 杨丽娟，刘贯群，穆来旺．地下水硝酸盐原位修复技术研究进展［J］．水资源保护，2012，（05）：60-65.

[2] 陈秀成，曹瑞钰．地下水污染治理技术的进展［J］．中国给水排水，2001，17（4）：23-26.

[3] 孙尧．铬污染场地原位淋洗技术研究与示范工程［D］．重庆：重庆交通大学，2013.

[4] 张晶，张峰，马烈．多相抽提和原位化学氧化联合修复技术应用——某有机复合污染场地地下水修复工程案例［J］．环境保护科学，2016，42（3）：154-158.

[5] 杨基振，游道旻，曾绍逸．石油化工类地下水污染修复技术及案例分析-加油站//2015 年中国环境科学学会学术年会．深圳：2015.

[6] 熊善高，李洪远，丁晓．植物修复技术修复污染地下水的案例分析//第六届海峡两岸土壤和地下水污染与整治研讨会．烟台：2012.

[7] 孙瑞．土壤及地下水有机污染生物修复技术［J］．化工设计通讯，2019，45（5）：84-85.

[8] 缪周伟，吕树光，邱兆富．原位热处理技术修复重质非水相液体污染场地研究进展［J］．环境污染与防治，2012，034（008）：63-68.

[9] 王焰新．地下水污染与防治［M］．北京：高等教育出版社，2007.

[10] 朱学愚．地下水水文学［M］．北京：中国环境科学出版社，2005.

[11] 王俊杰．地下水渗流力学［M］．北京：中国水利水电出版社，2013.

[12] 王俊杰，陈亮，梁越．地下水渗流力学［M］．北京：中国水利水电出版社，2013.

[13] 陆泗进，王红旗，杜琳娜．污染地下水原位治理技术——透水性反应墙法［J］．环境污染与防治，2006，28（6）：452-457.

[14] 张学礼，徐乐昌，魏广芝．用 PRB 技术修复铀污染地下水的研究现状［J］．铀矿冶，2008，27（2）：64-70.

[15] 徐乐昌，周星火，詹旺生．某铀矿尾矿堆场受污染地下水的渗透反应墙修复初探［J］．铀矿冶，2006，（03）：153-157.

[16] 薛禹群．地下水动力学原理［M］．北京：地质出版社，1986.

[17] 郑西来．地下水污染控制［M］．武汉：华中理工大学出版社，2009.

[18] 武强，王志强，杨淑君．地下水曝气工程技术研究——以德州胜利油田地下水石油污染治理为例［J］．地学前缘，2007，（06）：214-221.

[19] 王磊，龙涛，张峰．用于土壤及地下水修复的多相抽提技术研究进展［J］．生态与农村环境学报，2014，30（2）：137-145.

[20] 谢红霞，胡勤海．突发性环境污染事故应急预警系统发展探讨［J］．环境污染与防治，2004，26（1）：44-45.

[21] 何允玉，王铎，郭都．地下水中挥发性有机污染物去除新技术——循环井工艺［J］．资源节约与环保，2013，（3）：37-38.

第4章
地下水污染修复案例分析

地下水污染可以分为有机污染和无机污染两大类，其中有机物污染源主要包括烷烃、卤代烃、烯烃、含氧烷烃衍生物、其他复杂有机物；无机物污染源包括无机盐类、无机酸碱类、重金属污染以及其他污染物。

在附录Ⅳ中汇总了国内外相关案例，本章将对一些代表性的案例进行详细的总结以供参考，为了便于查阅，本章中的案例编号与附录Ⅳ中的序号一致，案例号则是案例在当前小节中的序号。编号中字母指代的意义说明如下。

各修复方法指代：Ⅰ——生物法，Ⅱ——渗透墙法，Ⅲ——抽提法，Ⅳ——氧化还原法，Ⅴ——热解吸法，Ⅵ——空气蒸汽注射法，Ⅶ——热传导加热技术，Ⅷ——土壤淋洗技术，Ⅸ——循环井工艺，Ⅹ——自然修复法，Ⅺ——植物修复法，Ⅻ——工业遗产与绿地交织方法。

各污染物种类指代：OUO——有机饱和烯烃，OO——有机烯烃，OH——有机卤代烃，OA——有机芳烃，OAP——有机醇酚类，OX——其他有机物类，IS——无机盐，IAB——无机酸碱，IHM——无机重金属，ⅨX——无机其他类。

4.1 有机污染地下水修复治理案例

地下水污染中，最常见的有毒污染物类型之中，有机有毒污染物作为比较典型的污染物是地下水治理过程中最为重要的研究对象之一，其具有毒性大、污染范围广等特点，它们在水中的含量虽不高，但因在水体中残留时间长，所以有蓄积性。因此，对其治理并且提出有效的治理方法是非常重要的，也是非常具有现实意义的。

4.1.1 饱和烯烃类污染地下水修复治理案例分析

案例1 曝气强化生物法修复美国加州地下水二噁烷污染[1]

【案例编号】案例1-Ⅰ-OA。

【国家地区】美国，加利福尼亚州。

【项目时间】2015 年。

【污染物及浓度】1,4-二噁烷，1090μg/L。

【土壤水文特点】

土壤：土壤渗透性能较差，深层为黏土层、砾石及沉淀层。

水文：低渗透层位于低于地面8～23ft(1ft＝0.3048m) 处，中层地下水在大约35ft的深度，之后是低渗透层延伸到60～82ft的深度。深层地下水位于大约65ft的低渗透层下，土质以黏土层为主，深度为90ft左右。图4.1是该地下结构的示范图，在82～90ft主要是由粉砂、细沙等更细的沙子组成。

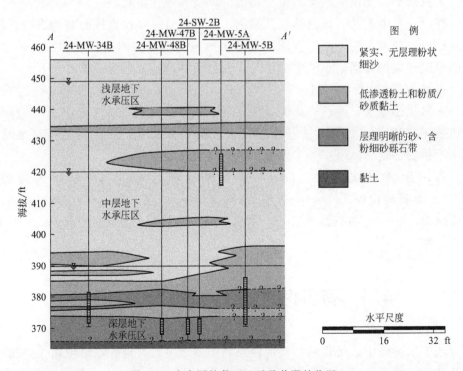

图 4.1 含水层的截面显示及井眼的位置

【场地污染背景介绍】

污染场地为原空军基地，经过前期的细菌修复和富集收集处理后，在离地面 8～23ft 范围的污染物被清除，但是深层地下水中的污染物依然存在。该场地污染物单一，地下土壤渗透性差，污染范围较小。

【修复方法及修复过程】

前期准备：通过 5 口监测井收集地下水样本进行分析，获得污染数据；采用场地土壤培育工程生物菌，经过实验室培养形成稳定的生物菌群用于处理污染物。

修复过程：本项目采用生物曝气法进行修复，包括编程控制系统和用户界面，以 175psi（1psi＝0.006895MPa）的压力递送 $0.557dm^3/min$ 空气的两级压缩机，以及控制丙烷的电磁阀和空气流量计等设备。用直径 1in（1in＝25.4mm）的柔性三元乙丙橡胶软管（额定为 $136kg/m^2$）将生物空气系统的空气/丙烷气体连接到单个生物曝气井上。

在启动期间，进行了空气喷射试验，以评估含水层中的空气和丙烷分布。在喷射系统运行的前 28 天（控制阶段）中，空气以大约 10SCFM（1SCFM＝28.311L/min）喷射到井24-MW-48B中，每天一次，每次 45min。在此期间没有加入丙烷。丙烷添加从第 29 天开始，丙烷进料浓度为 15%（1.7mg/L），每天 45min 喷射循环 30min。

基于初始溶解的丙烷数据，喷射周期数在第 37 天增加到每天 6 次，空气喷射步骤从每个循环 15min 降至 6min(36min 循环，丙烷加料 30min)，以在生物强化之前增加含水层中溶解的丙烷浓度。丙烷注射浓度也从爆炸下限 15% 增加到 20%（1.7mg/L 增加到 2.3mg/L）。喷射周期和丙烷加入量在后来的处理中保持不变，每天添加约 0.39kg 丙烷到含水层。处理的第 42 天，在生物钻井(24-MW-48B)中加入 ENV425 培养物。在 550L 无菌罐中培养后运到现场。

暂时关闭生物空气系统，近 200gal 的地下水被抽出，并用 20lbs(1lbs＝0.454kg) 磷酸氢二铵进行处理。将另外 151.4L 的地下水置于干净的罐中，并用 36L 的 ENV425 培养物（$4×10^9$ 个细胞/mL）进行修饰，注入生物钻井，将储存罐内的营养修复的地下水泵入生物曝气井，再将井口重新连接到生物圈平坦井，并且立即恢复正常的系统操作。

【修复结果和风险评价】 修复后污染物浓度低于 $2\mu g/L$。

利用生物曝气法将丙烷/生物菌培养液注射至地下并保持良好的生物菌生长环境，可用于原位处理 1,4-二噁烷至正常水平。

【其他信息】

项目承担单位或组织：CB&I 联邦服务有限责任公司。

修复时长：245 天。

修复费用：未提及。

案例2 抽出处理-氧化联合法修复中国上海某电子机械有机复合污染场地地下水[2]

【案例编号】案例 39-Ⅲ-OA。

【国家地区】中国，上海。

【项目时间】2016 年。

【场地未来用途】商业用地。

【污染物及浓度】

本案例中污染物种类和浓度详见表 4.1。

表 4.1 案例 39-Ⅲ-OA 污染物种类和浓度

污染物	浓度/(μg/L)	污染物	浓度/(μg/L)
总石油烃	130386	乙苯	459248
苯并[a]芘	22	1,2,4-三甲苯	816
苯并[a]蒽	248		

【土壤水文特点】

该场地土层剖面从上至下依次如下。0~1.0m：填土，主要为粉质黏土，含建筑垃圾，干燥至潮湿，松散；1.0~3.0m：粉质黏土，潮湿至饱和，可塑，松软；3.0~5.0m：砂质黏土，饱和，松散。

根据土工经验，场地粉质黏土层横向渗透系数为 0.015m/d，砂质黏土层横向渗透系数为 0.15m/d。场地潜水含水层水位埋深在 0.8~1.2m，流向为西北向，主要通过大气降雨补给，通过蒸发和地下渗透方式排泄，水力坡度约 0.2%。

【场地污染背景介绍】

该场地位于上海，原为电子机械厂，后续拟开发为商业用地。前期场地调查发现场地原柴油罐区约 1500m²，地块中地下水受到了有机复合污染，污染物包括总石油烃、多环芳烃（苯并[a]芘和苯并[a]蒽）以及苯系物（乙苯和 1,2,4-三甲苯），污染深度为地下 0.5~4m，并且部分修复区域发现有明显非水溶性流体（LNAPLs）。

【修复方法及修复过程】

第一步：该场地为有机复合污染，并且存在 LNAPLs。单纯使用一种修复技术很难在有限的修复周期内达到修复目标，本场地采用了 MPE 结合原位化学氧化（ISCO）的联合修复技术进行修复。该案例设计安装了一套集装箱式成套 MPE 系统。地下介质中的 LNAPLs、污染地下水和土壤气体以汽-水混合物的形式通过抽提井被真空抽提至汽水分离器中，实现汽/水/油三者分离。分离出的 LNAPLs 作为危险废物处置；分离出的污染地下水统一排入废水灌中，检测合格则排入市政污水管网，检测不合格则通过地面废水处理设施处理后达标排放；分离出的气体经过除湿器除湿后，通过活性炭吸附处理后排入大气。其中，地面废水处理系统的工艺为"铁碳还原＋厌氧/好氧生物处理"。MPE 系统的工艺流程如图 4.2 所示。

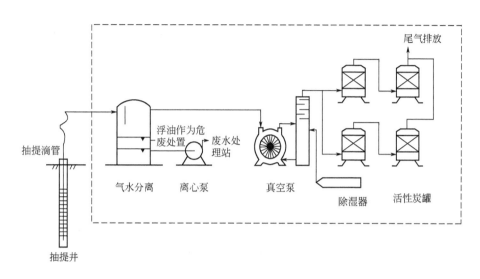

图 4.2　MPE 系统工艺流程

　　第二步：当地下水中不存在明显 LNAPLs 且污染浓度不再明显降低后，该案例通过原位化学氧化修复的方式进一步降低土壤和地下水污染程度。过硫酸盐氧化剂近年来在国内各类有机污染修复工程中被越来越多地应用。该案例使用的过硫酸盐类氧化剂为 NaS_2O_8，配合氢氧化钠作激活剂。反应产生的硫酸根自由基（$SO_4 \cdot \cdot$），是一种更强的氧化剂，氧化还原电位 2.6V，与羟基自由基（$OH \cdot$）相近（2.7V），并且比羟基自由基更加稳定，能够在地下介质中迁移更长的距离。

　　该案例通过 $1.5m^3$ 的化工搅拌桶配置浓度 20%（质量分数）的过硫酸钠和 15%（质量分数）的氢氧化钠混合溶液。确保注射后地下水的 pH 在 11 左右。地下水环境的 pH 不能低于 10，否则过硫酸钠氧化剂的活性会显著降低。利用前期多相抽提修复的抽提井作为氧化剂注射井使用，选择在过程检测中不达标区域的 20 个注射井进行注射。通过气动隔膜泵进行氧化剂注射的注射系统工艺流程见图 4.3。注射期间，单井注射压力为 0.05～0.07MPa，注射速率约为 5L/min，每个点注射了 800～1000kg 的混合药剂溶液。整个注射区域一共注射了 4t 过硫酸钠氧化剂。

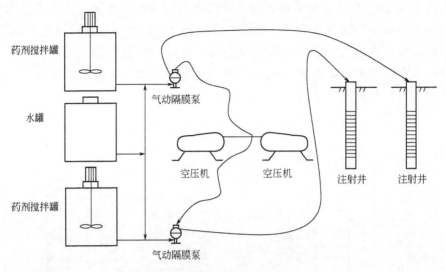

图 4.3　注射系统工艺流程

【修复结果和风险评价】

本案例污染物种类和修复结果如表 4.2 所列。

表 4.2　案例 39-Ⅲ-OA 修复结果

污染物	修复后浓度/(μg/L)	污染物去除率/%
总石油烃	210~290	99.83~99.78
苯并[a]芘	<2	>90.91
苯并[a]蒽	<5	>97.98
乙苯	<5	>98.91
1,2,4-三甲苯	<5	>99.39

【其他信息】

项目承担单位或组织：上海格林曼环境技术有限公司。

修复时长：45 天。

修复费用：耗费45t过硫酸盐氧化剂。

4.1.2　烯烃类污染地下水修复治理案例分析

案例 1　化学氧化法修复美国加利福尼亚州地下水 1,1-二氯乙烯和三氯乙烯的污染[3]

【案例编号】 案例 41-Ⅳ-OH。

【国家地区】 美国，加利福尼亚州。

【项目时间】 不详。

【污染物及浓度】三氯乙烯（TCE），$45\mu g/L$；1,1-二氯乙烯（1,1-DCE），$700\mu g/L$。

【土壤水文特点】

场地的蓄水层沉积物主要为粉质砂和砂质粉土，层间为黏土及黏质砂，蓄水层的渗透系数极高，为$5.48m/d$，蓄水层厚度约$7.62m$；地下水流向为西北方向，流速为$5.18cm/d$。根据洛杉矶水质控制学会，受影响的蓄水层范围是潜在的饮用水源区，因此需要对其进行修复。

【场地污染背景介绍】

污染深度$24\sim32m$，污染羽范围约$5110m^2$。本案例的小试试验选取小面积污染羽进行试验，试验面积约$128m^2$，最大污染物浓度：TCE $45\mu g/L$、1,1-DCE $700\mu g/L$。

【修复方法及修复过程】

这是洛杉矶流域的第一个化学氧化修复工程，修复方法来源于洛杉矶水质控制学会批准的原位修复技术指南。小试试验采用单一注射井，论证$KMnO_4$修复的可行性。氧化剂分6组进行注射投加，每次注射$5678L$，质量分数5%的$KMnO_4$，总注射量$34068L$。根据现场测量的水质变化情况，确定有效处理半径约$10.7m$，实际场地受地下水抽提水力梯度的作用，实际处理半径约增加$4.6m$。场地现有的11个水井被用作监测井，监测6个月，主要监测电导率、氧化还原电位、浊度、周围水体颜色（粉、紫），用于评估$KMnO_4$氧化剂的分散性及消耗量。

【修复结果和风险评价】

对污染场地注射$KMnO_4$进行氧化修复，短期内TCE及1,1-DCE的去除率可达86%～100%，且在修复后连续12个月的监测中未出现浓度回弹现象，如图4.4所示。对于TCE，70天内，3个最近的监测井（距离10.7m以内）检测的TCE浓度均低于检出限，即$<1.0\mu g/L$，最大降解量为$280\mu g/L$至未检出（ND）值；70～160天内，后添加的三个监测井（距离为$12.2\sim$

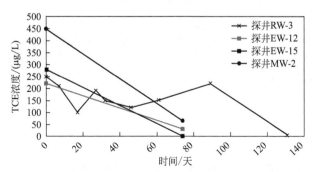

图4.4 TCE浓度随$KMnO_4$注射时间的降解曲线

13.7m）检测数据也表明，TCE 被强降解，最大降解量为 $450\sim65\mu g/L$。对于 1,1-DCE，其中 1 个监测井监测的 1,1-DCE 最大降解量为 $270\mu g/L$ 至未检出（ND）值，另 5 个监测井监测的 1,1-DCE 最大降解量为 $700\sim19\mu g/L$。

由美国有机污染场地化学氧化修复案例可知：①化学氧化修复适用于多种污染场地的修复，包括木材厂、加油站等；②可修复的污染物类型丰富，包括三氯乙烯和 1,1-二氯乙烯等；③可用于单一污染物场地修复也适用于多种污染物的复合污染场地修复；④修复可采用单一氧化剂，也可采用多种氧化剂联合修复。因此，在对国内有机污染场地进行修复时，美国的案例具有一定的参考价值，这对于修复工程设计具有一定指导作用。

【其他信息】

项目承担单位或组织：美国环保相关部门。

修复时长：6 个月。

修复费用：未提及。

案例 2　原位热解析法修复美国纽约四氯乙烯污染地下水[4]

【案例编号】案例 56-V-OH。

【国家地区】美国，纽约。

【项目时间】2010 年。

【污染物及浓度】

本案例污染物为四氯乙烯（PCE），其浓度范围为 $100\sim1000mg/kg$。

【土壤水文特点】

土壤水文特点如图 4.5 所示。

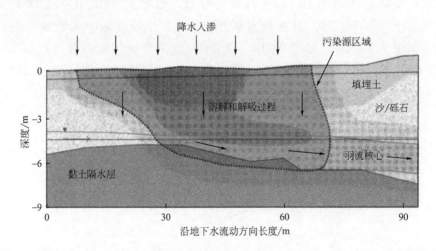

图 4.5　地下水中污染源分布及土壤水文示意

【场地污染背景介绍】

原为干洗房旧址，1985 年 IBM 购买此场地用于停车。

场地中污染物为单一 PCE；污染范围：深度 0~9m，主要污染区沿流动方向延伸超过 60m，如图 4.6 所示。

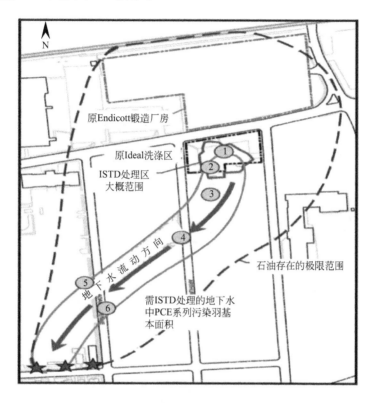

图 4.6　污染源位置及污染羽流向

土壤：砂砾土及沙质粉土（沉积沙和砾石），粉砂薄层黏土，孔隙率 35%；水文：地下水位深度：5~6m，水流速度：40m/d，预测渗流速度 0.6~2.3m/d，水力梯度 0.005~0.2。

【修复方法及修复过程】

本场地采用原位热解析技术对污染源区的污染物进行多相抽提，将挥发性污染物收集起来并达到修复污染地下水的目的。

经过地下水流向监测确定污染物的分布和走向，对污染区域进行了试验性修复：①从地下抽取污染地下水确定污染物浓度和污染羽的分布；②安装蒸汽抽提的负压系统；③完成场地多相抽提的调研数据，为热解析提供数据支撑；④实施原位热解析多相抽提。

在污染区构建了 257 个加热井群、19 口多相提取井、72 口蒸汽提取井共同进行挥发性物质的提取与处理，如图 4.7 所示。抽提出来的蒸汽及地下水经过多相处理系统进行冷凝和相分离操作，由于有机物不溶于水则被分离提取，处理后地下水回注回地下。

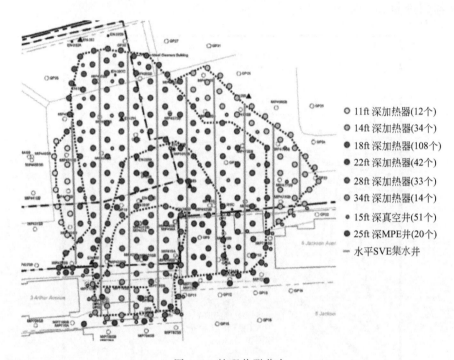

图 4.7　处理井群分布

【修复结果和风险评价】

采用原位热解吸（ISTD）进行修复，总共除去 4082kg 混合石油相关化合物和 1406kg 的 PCE，该修复方法将 PCE 质量排放约从每年 57kg 减少到每年0.07kg。在 2010 年年初完成热处理后的 5 年中，PCE 羽流已经倒塌，PCE 系列羽流区降解产物的浓度下降了 2～3 个数量级。通过原位热解吸控制并治理燃料油污染区和石油烃羽流，截断 PCE 来源区是获得较好治理效果的主要原因。

【其他信息】

项目承担单位或组织：IBM，Terra Therm，Tom Armstrong 以及 O'Brien &Gere 公司。

修复时长：5 年。

修复费用：土方挖掘 9600 万美元，治理 5400 万美元，地下水提取处理费用 12.5 万美元/年。

案例 3　美国弗吉尼亚州 Richmond 军需供应中心多相抽提技术（DPE 技术）修复土壤工程[5]

【案例编号】案例 23-Ⅲ-OH。

【国家地区】美国，弗吉尼亚州。

【项目时间】未提及。

【污染物及浓度】

污染范围：DSCR 区域位于 Richmond 城以南约 11mi（1mi＝1.6093km），面积 640acre（1acre＝4046.86m²）。DSCR 区域污染土壤的范围为从地表至地下 25ft。

污染物种类及浓度见表 4.3。

表 4.3　案例 23-Ⅲ-OH 污染物种类及浓度

污染物	浓度/(μg/L)	污染物	浓度/(μg/L)
四氯乙烯（PCE）	1300	挥发性有机物（VOCs）	1800
三氯乙烯（TCE）	290		

【土壤水文特点】

土壤颗粒大小随深度增加而增大，从粉质黏土、细砂逐渐变化到粗砂及砂砾薄夹层。地下含水层埋深为 10～15ft。含水层浅处为低渗透区，深处为高渗透区，低渗透区中也包含一些局部高渗透性区域，高渗透区主要由砂和碎石层组成。

水文：上层的导水系数为 374～504ft²/d，东北方向的水力梯度比较平均，大约在 0.001～0.002 范围内。

【场地污染背景介绍】

1987 年和 1992 年曾对土壤和地下水样品进行过 2 次分析测试，包气带和地下水中的污染物主要为氯代有机污染物和部分芳香族化合物。在土壤中检测到挥发性和半挥发性有机物，如四氯乙烯（PCE）、三氯乙烯（TCE）、1,2-二氯乙烯（DCE）、邻苯二甲酸酯、蒽和菲。PCE 和 TCE 的监测质量浓度较高，分别为 3300mg/L 和 890mg/L，DCE 的监测质量浓度为 26mg/L。下部含水层未检出氯代挥发性有机物。这些结果说明当有黏土层存在于上下含水层之间时，它能够有效阻止上层含水层中的污染物向下层迁移。通过调查计算，污染羽面积约为 1400m²。

【修复方法及修复过程】

整个 DPE 系统由 12 个抽提井和 6 个空气注入井组成。该系统运行的具体参数如下：DPE 运行时间为 320 天；SVE 鼓风机的真空度为 42ft 水柱；

SVE 空气流速为 5.14dm³/min，地下水抽提速率为 37gal/min，累积抽水体积为 1.7×10^7 gal（约 64352t）；最大水位差为 3.94ft；DPE 影响半径为 600～800ft；土壤和地下水中的 VOCs 去除速率分别为 0.37lbs/d 和 0.09lbs/d；地下水中 PCE 和 TCE 的初始质量浓度分别为 1300g/L 和 290g/L，去除率分别为 99.6% 和 98.3%。

抽提出的气体中氯代挥发性有机物浓度在抽提开始后的 5 天内升高 1 个数量级，在接下来的 2 周时间内平稳下降。总体上来看，抽提出的气体中 VOCs 浓度在抽提结束前的最后 10 个月保持稳定，说明系统已达到平衡状态。

【修复结果和风险评价】见表 4.4。

表 4.4　案例 23-Ⅲ-OH 修复结果

污染物	浓度/(μg/L)	污染物去除率/%
四氯乙烯(PCE)	5	99.6
三氯乙烯(TCE)	5	98.3
挥发性有机物(VOCs)	5	97.2

试验结果表明，地下水中 VOCs 浓度显著降低，污染羽中心的 2 口监测井显示 VOCs 质量浓度分别从 1766μg/L 和 2000μg/L，降至 3.6μg/L 和 12μg/L。也有外围的监测井发生 VOCs 浓度小幅上升的情况，不过整体上地下水 VOCs 质量浓度基本恢复到安全水平（<5μg/L）。

整体上，通过 DPE 系统共移除 1451b VOCs，其中 81% 通过 SVE 去除。多项监测数据显示，通过 SVE 去除的芳香类 VOCs 明显多于氯代 VOCs。

【其他信息】

修复时长：384 天。

修复费用：前期的试点研究和含水层调查所需费用为 134092 美元，工程设计费用 73198 美元，系统运行费用 20.6 万美元，启动费用 2.4 万美元，每年运行费用 10 万美元（包含样品采集和测试）。共有 1.7×10^7 gal 地下水被抽出处理，水的处理费用约为 3 美分/gal。

4.1.3　卤代烃类污染地下水修复治理案例分析

案例 1　氯代烃类污染地下水修复（抽出处理修复技术、热氧化技术处理）[6]

【案例编号】案例 18-Ⅱ-OH。

【国家地区】澳大利亚。

【项目时间】未提及。

【污染物及浓度】

地下水污染物主要为氯代烃类污染物，主要包括四氯乙烯（PCE）、三氯乙烯（TCE）、氯仿等氯代烃类有机物。

【修复方法及修复过程】

Orica 公司采用抽出处理修复技术建立地下水污水处理厂对地下水进行处理，利用空气吹脱法去除氯代烃类，并用热氧化技术处理尾气；吹脱后的污水采用常规污水处理法进行处理，部分出水采用反渗透技术对出水进行回用。该项目建设期两年，总花费 1.67 亿美元，每天处理水量为 6000m³。该项目于 2007 年正式运营，其基本流程见图 4.8。

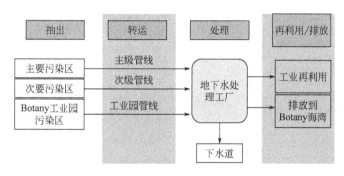

图 4.8　Botany 地下水净化项目-"抽出-处理法"流程

该处理工艺的核心-地下水污水处理厂平面布置如图 4.9 所示。

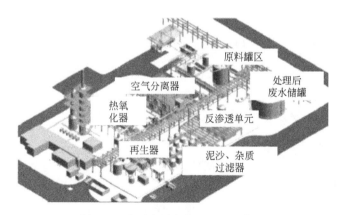

图 4.9　地下水污水处理厂平面布置

其工艺流程图如图 4.10 所示。

【修复结果和风险评价】

在处理抽出水的同时使用了吹脱法和热氧化技术，是最常规的污染地下水治理方法。该方法根据多数有机物由于密度小而浮于地下水面附近，参照地下

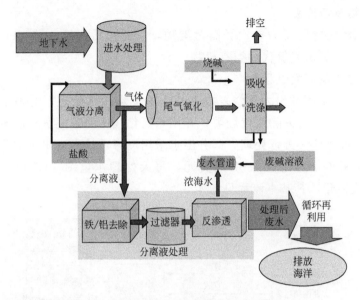

图 4.10　地下水污水处理厂工艺流程图

水被污染的大致范围，通过抽取含水层中地下水面附近的地下水，把水中的有机污染物质带回地表，然后用地表污水处理技术处理抽取出的被污染的地下水，为了防止由于大量抽取地下水而导致地面沉降，或海水入侵，还要把处理后的水注入地下水中，同时可以加速地下水的循环流动，从而缩短地下水的修复时间。

【其他信息】

项目承担单位或组织：Orica 公司。

修复时长：2 年。

修复费用：1.67 亿美元。

案例 2　植物修复法修复美国得克萨斯州的三氯乙烯污染地下水[7]

【案例编号】 案例 119-XI-OH。

【国家地区】 美国，得克萨斯州。

【项目时间】 未提及。

【污染物及浓度】 三氯乙烯，浓度未提及。

【土壤水文特点】

该地区面积 38.4km²，主要由黏土、粉土、砂子和砾石组成的饱和冲积含水层，厚度为 0.5～1.5m，冲积含水层的总厚度为 1.8～4.5m，在含水层的下面主要为薄层石灰岩，地下水位于地表下 2.4～4.0m，其地下水的流动方向为从西北到东南，和杨树的种植方向垂直。

【场地污染背景介绍】

三氯乙烯几十年来一直被用在该区域空军动力 4 号厂房，用于航空器的制造，由于厂房内储存罐三氯乙烯的溢出和泄漏导致该区域浅层地下水受到三氯乙烯的污染。1996 年，美国地质调查局联合美国空军进行了该区域地下水三氯乙烯的植物修复工程。

【修复方法及修复过程】

修复工程开始后，场地上选择两个分离的区域进行植物的种植。一个种植区扦插一年生的杨树枝条，另一个种植区种植了一年生的杨树种苗。每个种植区面积为 71.6m(长)×15.2m(宽)，以总共 7 行的方式进行种植。在枝条种植区，每行扦插 60 支枝条；在种苗种植区，每行种植 30 棵树苗。同时在修复区域内安置了 59 口井，其目的是检测地下水中三氯乙烯的浓度和水位的变化情况。

这些中期结果为持续进行植物修复，以达到更加高效的修复能力提供了依据，也表明为证明含水层中三氯乙烯质量的减少是由于植物修复的作用，需要长期监测的重要性。

【修复结果和风险评价】

经过 7 年的修复过程，其结果表明：通过根部的吸收、植物的挥发和生物活动，种植的杨树能够减少地下水中三氯乙烯的量，同时，杨树能够促进微生物对含水层中溶解的三氯乙烯的降解。在含水层地球化学的变迁过程中，含水层内氧化还原作用会一直持续，并对三氯乙烯浓度变化起到一定作用。在这 7 年的研究中，由于杨树的作用而起到液压控制是含水层中三氯乙烯质量减少的主要因素。而植物蒸发、植物固定和微生物的降解作用对污染物的羽流的衰减还会在后续的过程中进行评估。

植物修复技术对污染地下水的修复具有可行性，但应该注意的是在进行植物修复时，应该考虑修复场地的地质水文、污染物特性、高效植物的选择、管理监控等各方面的情况，才能保证植物修复的成功。

【其他信息】

项目承担单位或组织：美国地质调查局及美国空军。

修复时长：7 年。

案例 3　抽出回收法修复美国新泽西州的 1,1,1-三氯乙烷和四氯化碳污染地下水[8]

【案例编号】案例 29-Ⅲ-OH。

【国家地区】美国，新泽西州。

【项目时间】未提及。

【污染物及浓度】 1,1,1-三氯乙烷和四氯化碳。

【土壤水文特点】

土壤：场地有10~15ft厚的细砂沉积在明显分层的黏土层上，沉降室的底部比明显分层的黏土高了近2ft。

水文：含有DNAPLs油污池的砂子的孔隙度为0.31，DNAPLs的饱和度为0.53。

【场地污染背景介绍】

DNAPLs流向黏土表面并积聚形成油污池。最初形成的油污池溢出进入邻近的低洼带，这样最后形成了两个油污池。DNAPLs池覆盖面积达到255m²，厚度达到了3ft。产物的体积为3760gal。污染羽溶解的成分从DNAPLs油污池扩展到下游。黏土表面的形状控制了DNAPLs的运动及它的最终位置。污染物由1,1,1-三氯乙烷和四氯化碳混合构成，溶解的成分包括1,1,1-TCA和次生产物1,1-DCA、1,2-DCA、1,1-DCE及四氯化碳。

【修复方法及修复过程】

从美国新泽西州一个工厂附近的地下沉降室中排出的溶剂形成了由1,1,1-三氯乙烷和四氯化碳混合构成的DNAPLs池，如图4.11所示。

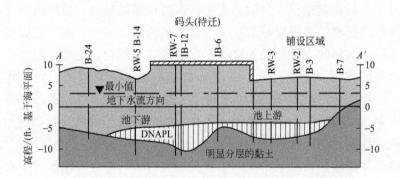

图4.11 在分层黏土表面DNAPLs池陷入洼地的刨土面

利用9口井来完成DNAPLs的主要回收。在黏土里挖有集水坑，因此任何DNAPLs都将排入集水坑，如图4.12和图4.13所示。

【修复结果和风险评价】

经过24个月的抽水后，3495gal的DNAPLs被回收，其中大多数DNAPLs都是在前6个月被回收的。由于有利的地质条件和通过安装数口监测井、孔获得场地的详细资料，DNAPLs的回收率出奇地高达93%~94%。

抽出回收技术能快速有效去除污染物，对不同类型的场地具有较强的适应性，被广泛应用于污染场地修复中。通过介绍抽出回收法，结合美国污染场地的修复案例，说明抽出回收法对污染物及地水文地质条件的场地的修复应用。

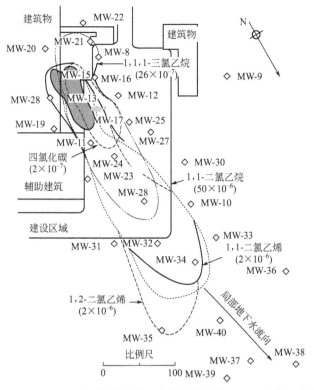

图 4.12 DNAPLs 池（阴影区域）和溶解的氯化 VOCs 污染羽的范围

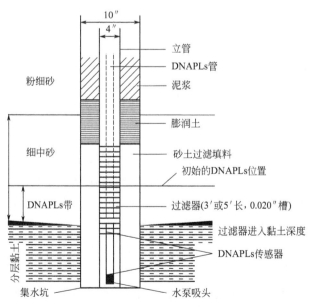

图 4.13 典型的 DNAPLs 回收井设计

$1'' = 2.54cm$；$1' = 30.48cm$

【其他信息】

修复时长：24个月。

4.1.4 芳香烃类污染地下水修复治理案例特点与分析

案例1 抽出处理-生物曝气联合法修复中国北京某大型焦化厂苯污染地下水修复项目[9]

【案例编号】案例109-VI-OA。

【国家地区】中国，北京。

【项目时间】2010年。

【场地未来用途】

厂区未来将大致规划为3个不同功能区，其中厂区北部（A区）将规划为商业开发区，中东部（B区）主要规划为工业遗址公园，西南部（C区）规划为涵盖商业开发及住宅的综合开发区。

【污染物及浓度】

采集的48个地下水样品中19个检出苯，浓度介于0.7～371000μg/L，平均浓度为23717.9μg/L。苯的毒性主要表现在致癌性。

【土壤水文特点】

厂区占地面积 $1.35 \times 10^6 m^2$，地势平坦，地层结构主要分4层，从上至下依次为0～1.5m回填土层、1.5～6.5m黏质粉土层、6.5～9.5m黏土层、9.5～18m砂质潜水含水层。潜水水位埋深13～14m，整体流向为自西北向东南方向，水力梯度1.4m，地下水平均流速为1.4cm/d。

【场地污染背景介绍】

本研究选取的焦化厂位于朝阳区东四环以外垡头地区，始建于1959年，主要以煤炭为原料，生产煤气和焦炭，并从粗焦油中提取各类化工产品。

【修复方法及修复过程】

第一步：修复目标及范围。由于同一受体不可能在室内外同时出现，因此修复目标的制订主要考虑主要风险途径，即室内呼吸蒸气暴露途径。考虑厂区地下水的流动性以及地下水中苯的扩散迁移，最终该厂区地下水应修复至118μg/L以下。通过将此前48个地下水样品苯的分析结果与修复目标比较发现，共有8个点超过修复目标，需要进行修复。其具体位置如图4.14中实心黑点所示。

由图4.14可以看出，超标点主要位于厂区的中部偏南方向以及东南部。经过现场实地踏勘发现，这些超标点所在的区域正是粗苯回收车间以及精苯分厂车间所在地。现场可以明显看到正在渗漏的废水存储池及残留品储罐，

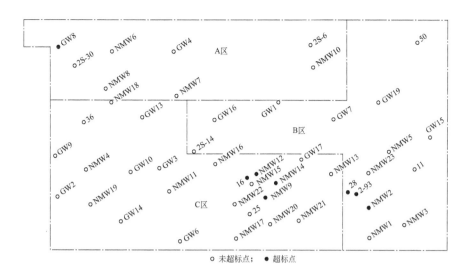

○ 未超标点; ● 超标点

图 4.14 超标点位置示意

NMW14 号井所在的粗苯车间现象尤为突出。因此，可以推测，该场地地下水中苯污染主要是由该局部区域废水池及储罐泄漏所致。而且，由于随地下水的迁移，污染区域沿着地下水流向已逐渐扩散至该局部区域的下游。通过图超标点位置，虽然可以大致确定污染区域所在位置及相应面积。但是据此确定的修复面积过大，修复成本较高。因此，为进一步详细探明该场地地下水中苯的污染状况，本研究在已确定存在污染区域的外围进行补充监测采样，另增设了 8 口地下水监测井做进一步监测，具体布置位置如地下水污染范围图中的三角形图标所示（图 4.15），其中实心三角形图标所代表的监测点 NMW30、NMW31、NMW33 的苯浓度依次为 $509\mu g/L$、$2170\mu g/L$、$105000\mu g/L$，超过修复目标值 $118\mu g/L$。空心三角形图标所代表的监测点 NMW32、NMW26 浓度分别为 $0.7\mu g/L$、$11.9\mu g/L$。NMW27、NMW28、NMW29 苯浓度低于方法检出限。因此，可综合前后两次的采样分析结果，更客观地确定本场地地下水的污染范围。具体如图 4.15 中黑实线所圈定的范围所示，面积大约为 $1.65\times10^5 m^2$。

由图 4.15 所确定的污染羽范围及变化趋势可知，该场地地下水中的污染源主要来自 NMW14 及 NMW12 所在的粗苯车间废水池及储罐的泄漏。并且，污染羽随着场地地下的流动逐步向地下水下游方向扩散，其沿着地下水流向的扩散距离大于横向扩散距离，基本不向地下水上游地区扩散。

第二步：修复策略。目前，地下水修复技术包括抽出-处理（pump-treat）等异位修复技术以及空气注射（air-sparking）、生物曝气（bio-sparging）等原位修复技术。其中抽出-处理技术由于具有处理成本高、处理周期长、对场地

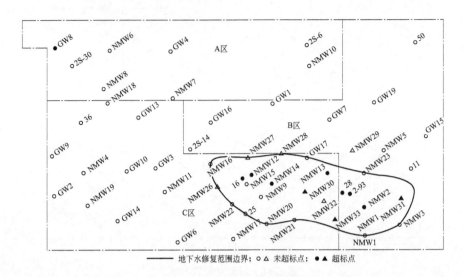

图 4.15 地下水污染范围

扰动较大、地下水中苯浓度易反弹等缺点，其使用频率逐渐降低。相反，诸如空气注射等原位修复技术由于其具有修复成本低、对地下水扰动小等优点逐步被采用。考虑到研究区域地下水含水层土壤渗透性较好，达到 $1.6 \times 10^{-2}\,\mathrm{m/s}$，高于该技术对土壤渗透性的最低要求 $1.0 \times 10^{-3} \sim 1.0 \times 10^{-4}\,\mathrm{m/s}$。而且，苯的挥发性极高，其亨利常数为 $230 \times 1.01 \times 10^{5}\,\mathrm{Pa}$，也远高于空气注射技术对污染物亨利常数最低值 $100 \times 1.01 \times 10^{5}\,\mathrm{Pa}$ 的要求。

因此，综合考虑研究区域地下水污染状况及目前地下水修复技术的发展，最终确定空气注射作为该场地地下水的优先修复技术，该技术的具体原理及工艺流程可参考相关技术文件。

同时，由于该场地地下水主要是通过挥发进入室内后随呼吸进入人体，进而对人体健康不利的，所以，为解决因场地污染状况及水文地质参数空间变异较大导致修复效果的不确定性，进而可能导致残留风险依然高于可接受风险水平这一问题，从构成风险的三要素出发，建议采用工程控制措施，切断苯进入室内的途径以控制其对人体健康产生不利影响的风险。例如，可在该场地未来建筑物底部铺设抽气管网及高密度乙烯防渗膜，将含有苯的蒸气隔离在建筑物底板之下并通过抽气管网将其定期抽出地面进行集中处理。

【修复结果和风险评价】较为理想。

【其他信息】

项目承担单位或组织：北京市环境保护科学研究院、国家城市环境污染控制工程技术研究中心、北京市固体废物与化学品管理中心。

案例 2　蒸汽提取法治理某地区非挥发性有机物地下水修复[10]

【案例编号】案例 63-Ⅵ-OA。

【国家地区】英国，金斯顿。

【项目时间】2008 年。

【污染物及浓度】

污染范围：不足 1000m²，深度少于 6m。其中，苯，1670µg/L；甲苯，3630µg/L；乙苯，9470µg/L；二甲苯，40500µg/L，如图 4.16 所示。

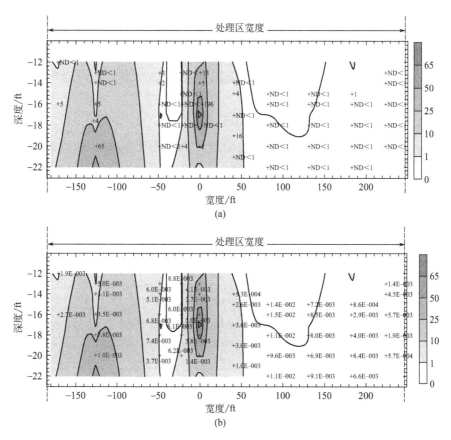

图 4.16　地下水中污染物浓度分布

1ft≈30.48cm

【土壤水文特点】

相对均匀，渗透松散沉积物（混合砂、砾石、粉砂、石油等）。

【修复方法及修复过程】

采用电阻加热法进行挥发性组分的抽提回收，实施中安装加热电极井 111 口，蒸汽提取井 41 口，提取温度 90℃，水质监测井 12 口，满负荷运转 10 天。

【修复结果和风险评价】

本案例污染修复结果如表 4.5 所示。

表 4.5　案例 63-Ⅵ-OA 地下水污染修复结果

污染物	浓度/(μg/L)	污染物去除率/%
苯	342	80
甲苯	18	99.5
乙苯	377	96
二甲苯	169	99.6

【其他信息】

项目承担单位或组织：CES，美国国防军事部，能源部，亚利桑那州立大学。

修复时长：120 天，后期监测 730 天。

案例 3　原位空气注射法修复美国加利福尼亚地区挥发性有机物（苯、苯系物及石油烃）污染地下水[11]

【案例编号】案例 86-Ⅵ-OA。

【国家地区】美国，加利福尼亚州。

【项目时间】未提及。

【污染物及浓度】见表 4.6。

表 4.6　案例 86-Ⅵ-OA 污染物种类及浓度

污染物	浓度/(mg/L)
苯	8700
BTEX(苯、甲苯、乙基苯、二甲基苯的合称)	16500
TPH-G 总石油烃	34000

【土壤水文特点】

紧致细腻泥沙。

【修复方法及修复过程】

采用原位空气注射法进行污染地下水修复。在压力条件下将空气注入污染区地下饱和含水层中，使土壤及地下水中的挥发性有机污染物得以挥发并随着空气被带出，同时空气中的氧气渗入地下，为地下微生物提供有氧环境，协助降解有机污染物。曝气井 5 口，间距 20ft，空气注入速率 6scfm（标准立方英尺每分钟）/井，间断曝气，30min 循环。

【修复结果和风险评价】见表 4.7。

表 4.7　案例 86-Ⅵ-OA 地下水污染修复结果

污染物	浓度/(mg/L)	污染物去除率/%
苯	7	99.9
BTEX	59	99.6
TPH-G 总石油烃	720	97.8

不论是石油污染还是氯化物污染地下水，不论是沙土还是粉土，原位空气注射法在污染地下水修复中均取得了显著的成效。根据该文献中 49 个污染场地的修复案例来看，一些污染场地修复后地下水中的污染物出现了反弹，比如石油污染物比氯化物污染地下水更容易出现反弹，在某些情况下，污染物反弹与水位上升也有一定关系。

【其他信息】

项目承担单位或组织：Fluor Daniel GTI 公司。

修复时长：前期曝气 12 个月，后期监测 2 个月。

案例 4　臭氧氧化曝气法修复美国某地区石油污染地下水[12]

【案例编号】案例 54-Ⅳ-OA。

【国家地区】美国。

【项目时间】2000 年。

【污染物及浓度】

污染范围：除污染源区以外，在源区以北 300ft 的地方仍监测到有地下水污染的情况。污染物种类及浓度见表 4.8。

表 4.8　案例 54-Ⅳ-OA 污染物种类及浓度

污染物	浓度/(μg/L)	污染物	浓度/(μg/L)
萘	430	甲苯	3600
二甲苯	4900	苯	270
乙苯	1100		

【土壤水文特点】

土壤：粗砂质土壤。

水文：地下滞水层深度 5.49m。

【场地污染背景介绍】

污染区域位置如图 4.17 所示。

【修复方法及修复过程】

修复系统包含 5 个曝气井，全部都直接建在污染源区上，如图 4.18 所示。曝气井直径 10.16cm，间距 5.18～6.4m，在水力阻隔墙附近安置微孔喷雾曝

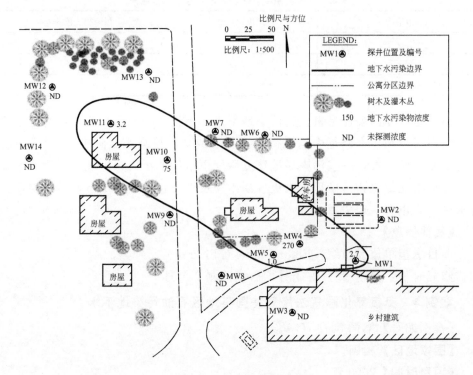

图 4.17　污染区域位置

气装置。曝气速度设置为 $0.014\sim0.028\mathrm{m}^3/\mathrm{min}$，曝气压力 1.4bar（1bar＝$10^5\mathrm{Pa}$），一个月后将曝气流量调整为 $0.042\sim0.057\mathrm{m}^3/\mathrm{min}$。

【修复结果和风险评价】

本案例污染修复效果如表 4.9 所示。

表 4.9　案例 54-Ⅳ-OA 地下水污染修复效果

污染物	浓度/(μg/L)	污染物去除率/%
萘	290	33
二甲苯	2500	49
乙苯	760	31
甲苯	1000	73
苯	33	88

臭氧氧化曝气法应用在系统启动后不久就显示了石油污染的显著减少。开发的喷射系统设计简单，便于快速安装，设备占地面积小，运营成本低。与传统处理技术相比，所有 3 个站点的臭氧喷射系统安装已被证明是具有成本效益的。通过原位去除污染物并处理溶解和吸附污染，估计将石油污染含水层带到

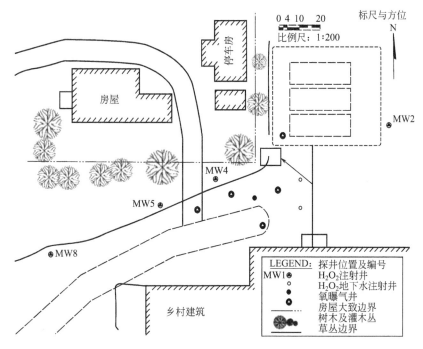

图 4.18　修复系统安装位置

地下水标准以下的时间将大大减少。污染也被破坏，而不是从一种媒介转移到另一种媒介。

本案例参考文献中还包含其他两个原位氧化修复地下水污染的案例，修复过程与本案例相似。

【其他信息】

项目承担单位或组织：OMNNI Associates 公司。

修复时长：16 个月。

4.1.5　醇酚类污染地下水修复治理案例分析

案例 1　循环氧化-原位生物法修复美国 Lompoc 地区叔丁醇污染地下水[13]

【案例编号】案例 3-Ⅰ-OH。

【国家地区】美国，加利福尼亚州。

【项目时间】未提及。

【污染物及浓度】污染物主要为 TBA 叔丁醇，浓度为 $500\mu g/L$。

【土壤水文特点】

土壤：渗透系数 5.2~27.1m/d，平均孔隙率 0.34%。

水文：地下水平均流速 0.5m/d。

【修复方法及修复过程】

通过注入井与提取井实现地下水循环，并在抽出后经过过滤，以 3.5mL/min 的速度加入 28000mg/L 溴化物溶液为微生物工程菌甲基锑石油醚菌株 PM1 提供养分，如图 4.19 和图 4.20 所示。

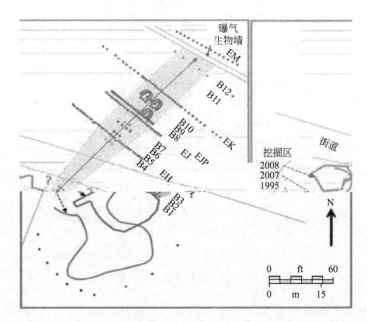

图 4.19　VAFB 站点地图（表明挖掘位置、监测井断面及 TBA 羽流的大致位置和中心线）

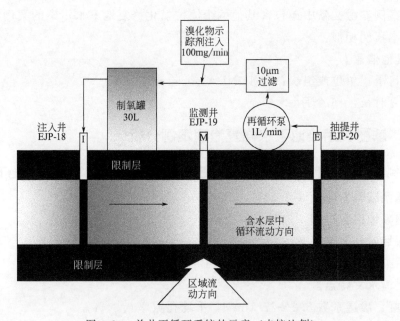

图 4.20　单井再循环系统的示意（未按比例）

【修复结果和风险评价】

TBA 浓度从处理区域的大约 500μg/L 降低到检测限以下，并且在几米下降的监测断面中检测到处理过的水。在第二个实验中，使用现场校准模型设计了具有氧气修复的双重循环井，成功地将氧气输送到地下 291 天，并且还将 TBA 浓度降低到低于检测限。已知 TBA 降解细菌的甲基锑石油醚菌株 PM1 在研究现场是可检测的，但加入氧气对已经低的基线密度的菌群几乎没有影响，这表明地下水羽流中没有足够的碳支持新生长的 PM1 菌群数量的增长。考虑到有利的水文地质学和地球化学条件，使用再循环井对将溶解氧引入地下是促进 TBA 或其他有氧可降解含水层污染物原位生物降解的可行方法。

【其他信息】

项目承担单位或组织：美国中央海岸水务委员会。

修复时长：14 个月。

案例 2　原位生物修复技术修复美国加利福尼亚地区叔丁醇污染地下水[14]

【案例编号】案例 105-Ⅵ-OH。

【国家地区】美国，加利福尼亚州。

【项目时间】2000 年。

【污染物及浓度】

加利福尼亚州海军军事基地加油站服役期开始于 1950 年，地下有两个 7400gal 的储油罐，后来增加到八个。1984 年 9 月和 1985 年 3 月，该加油站发生两次汽油泄漏事故，分别造成 4000gal 和 6800gal 汽油泄漏，随后储油罐被转移。两次汽油泄漏造成严重的地下水甲基叔丁基醚（MTBE）污染，并且形成了 5000ft 长，500ft 宽的甲基叔丁基醚-苯系物（MTBE-BTEX）羽状流束。经检测，其中 MTBE 的浓度为 1000～10000μg/L，叔丁醇（TBA）的浓度大约为 1000μg/L，污染源附近土壤带 BTEX 浓度达到 1000μg/L。

【土壤水文特点】

该污染场地目标浅水含水层为非承压层，该层距离地下水位大约 8ft，季节变化为 1ft 左右。其包气带含少量的砂砾和填土物质，0～30ft 为疏松的黏土、粉土和沙子，20ft 处为黏土层。地下水距离地表 10～25ft，其水流速度大于 0.1ft/d。

【修复方法及修复过程】

该场地示范工程采用原位生物修复技术，运行时间从 2000 年 9 月～2002 年 11 月。设计、布设并运行大规模生物屏障，成功降解 MTBE-BTEX，对于环境修复行业有着标志性意义：原位生物修复 MTBE-BTEX 是可行的；可以同时高效降解 MTBE 和 BTEX，完全可以达到相关监测标准；修复成本低廉，低于传统修复费用的 66%。

原位生物修复的原理实际上是自然生物降解过程的人工强化。它是通过采取人为措施，包括添加氧和营养物等，刺激原位微生物的生长，从而强化污染物的自然生物降解过程。除采用气冲、供氧或者过氧化氢技术提高土著菌的活性，还可接种微生物。该场地示范工程实施过程中，通过注射 MTBE 降解菌剂，筑造一道生物反应屏障，布设于汽油泄漏污染源的下游方向。水流通过生物屏障，微生物与其中的 MTBE 反应实现其无害化。生物屏障由两种不同增加微生物多样性的区域（氧化和接种微生物），以及两种不同的刺激生物生长的区域（曝气和充氧）组成。整个系统运行的修复目标是有效降解 MTBE、TBA 和 BTEX，并且实现其修复浓度低于 $10\mu g/L$。

第一步：监测井和曝气井系统于 2000 年 8 月布设完毕，共设置 225 口监测井以及 175 口曝气井。

第二步：2000 年 9 月，第一周将微生物（MC-100）沿氧化带（长约 70ft，高溶解氧）注入。

第三步：第二周将微生物（SC-100）沿氧化带（长约 70ft，高溶解氧）注入。

第四步：地下水修复地带未曝气之前，其溶解氧含量为 1mg/L。充气/氧化系统运行后，地下水溶解氧的含量达到 4mg/L，刺激和支持氧化反应的进行。

第五步：经过 7 个月的运行，地下水中污染物的浓度均低于检测限。MTBE 的浓度达到修复目标，其最终浓度低于 $10\mu g/L$。

【修复结果和风险评价】见表 4.10。

表 4.10　案例 105-Ⅵ-OH 地下水污染物修复效果

污染物	修复后浓度/($\mu g/L$)	污染物去除率/%
甲基叔丁基醚(MTBE)	<10	<99~99.9
甲基叔丁基醚-苯系物(MTBE-BTEX)	<10	<99
叔丁醇(TBA)	<10	<99

【其他信息】
修复时长：26 个月。

4.1.6　其他复杂有机物污染地下水修复治理案例分析

案例 1　抽取法修复 BTEX 和总石油烃（TPH）污染土壤和地下水[8]

【案例编号】案例 26-Ⅲ-OA。

【国家地区】美国。

【污染物及浓度】

在对场地的调查中，对土壤进行了 BTEX 和总石油烃（TPH）的检测，对地下水进行了 BTEX 和总有机碳（TOC）的检测，在油库地区的一些监测孔中发现了漂浮物。对油库地区 4800gal 的产品进行检测发现，72% 在土壤中，2% 溶解在地下水中并有 25% 作为漂浮物存在。在油库地区地下水中平均苯含量为 35mg/L，区域外为 0.087mg/L；区域内平均甲苯含量为 65mg/L，区域外为 0.0038mg/L；区域内平均乙苯含量为 3mg/L，区域外为 0.0012mg/L；区域内平均二甲苯含量为 95mg/L，区域外为 0.015mg/L。在油库区域外超出 MCLs 的 VOCs 仅有苯。土壤污染物包括 51mg 苯/kg、430mg 甲苯/kg、78mg 乙苯/kg、680mg 二甲苯/kg 及 14600mg 总石油烃/kg。

【土壤水文特点】

土壤：场地地质是非均匀的，由非黏性沉积层和黏性沉积层相互交替而成。在地下 16ft 处有一个黏土层，并存在一横穿过部分场地的较浅的黏土层。在较浅的黏土层上方有一上层滞水含水层，下方的饱和带穿过整个场地。

水文：油库位于地下水补给区，地下水流呈放射状流向三个不同的方向。在第四个方向上有个铁的挡土墙（图 4.21）。

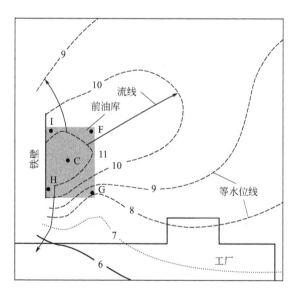

图 4.21　汽车制造厂前地下油库场地内假定基准面以上的
地下水位标高（ft）

【修复方法及修复过程】

修复系统采用一系列的双抽水井构成。每口井都有一个泵用来抽取地下水和漂浮油，前提是存在漂浮油。同时每口井都通过气提系统来密封，用于去除土壤蒸汽并促进土壤中空气的运动。利用抽水井降低地下水位，制造一个更大的包气带用于提取蒸汽。包气带中空气流的移动能为土壤细菌提供氧气从而促进生物修复。

图 4.22 显示了这种系统的组成。注意井的设置有两个分层，一层位于较浅的黏土层上方的上层滞水带，另一层位于较浅的黏土层下方的饱和带中。在系统启动后，仅使用到了抽水井。在前面的 18 天里没有用到真空泵。13 口双组合抽水井最初的总抽水速率为 5500gal/d。18 天后这个速率降到了 3000gal/d，这是由于含水层中的水位下降了。但是在启动真空系统后，总体抽取速率上升到了 5000gal/d。这 13 口井运行了 16 个月。16 个月后又有另外的 9 口井投入运行，总共 22 口井接着运行了 5 个月。

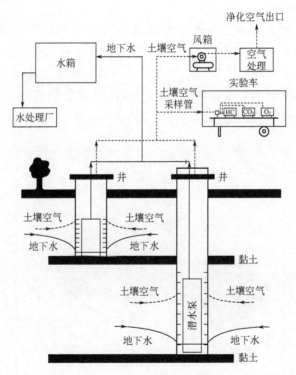

图 4.22　汽车制造厂前地下油库场地内下水和土壤蒸汽
抽提双层井的示意

【修复结果和风险评价】

在修复过程中总共有 4414gal 的产品被回收。这已达到了修复前初始估计地下含量 4820gal 的 92%。图 4.23 显示了在 21 个月修复期内清除的累计加仑数。使用 13 口井的第 I 阶段和使用 22 口井的第 II 阶段的修复结果明细如表 4.11 所示。

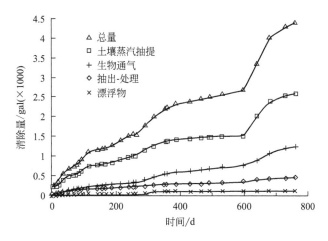

图 4.23 汽车制造厂前地下油库场地采用不同途径
经过 21 个月累计清除污染物量

表 4.11 各阶段清除污染物总量

方法	第Ⅰ阶段/gal	第Ⅱ阶段/gal	总计/gal	百分数/%
抽出-处理	453	106	559	13
土壤蒸汽抽提	1522	1089	2611	59
生物降解	742	502	1244	28
总计	2717	1697	4414	100

【其他信息】

修复时长：16 个月。

案例 2　臭氧氧化曝气法修复美国 Wisconsin 石油烃污染地下水[12]

【案例编号】案例 52-Ⅳ-OA。

【国家地区】美国。

【项目时间】未提及。

【污染物及浓度】

污染物污染深达地下 24.4m，由于地下水文地质条件限制，污染未大范围扩散。污染物种类及浓度见表 4.12。

表 4.12 案例 52-Ⅳ-OA 污染物种类及浓度

污染物	浓度/(μg/L)	污染物	浓度/(μg/L)
萘	370	甲苯	2100
二甲苯	2300	苯	780
乙苯	230		

【土壤水文特点】

土壤：黏土、沙土混合层。

水文：地下滞水层深度 1.83m，污染地下水深度 24.4m。

【修复方法及修复过程】

污染地为原来的储油站基地，连续污染时间较长，污染物种类多，包括苯、甲苯、乙苯、二甲苯、萘等，如图 4.24 所示。

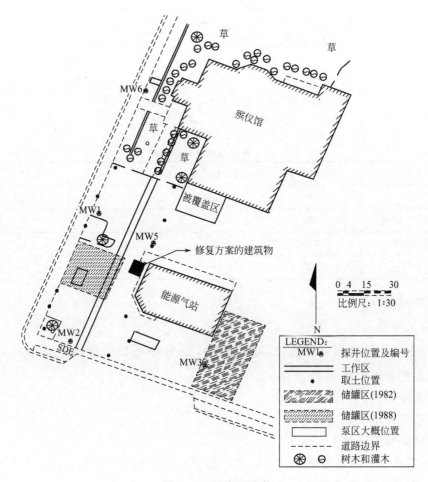

图 4.24　污染区示意

在污染区域范围内修建修复沟，让带正电的被污染水通过修复沟进行曝气氧化，水中污染物被去除。修建了 6 个电极井对地下水进行电氧化，让带有石油污染物的水从电极氧化沟的正极向负极移动，并在臭氧化沟中完成修复；一段时间后改变电极极性，被处理后的地下水返回原来的位置。

【修复结果和风险评价】见表 4.13。

表 4.13　案例 52-Ⅳ-OA 中污染物修复效果

污染物	浓度/(μg/L)	污染物去除率/%
萘	0	100
二甲苯	63	97.3
乙苯	22	90.5
甲苯	140	93.3
苯	74	90.6

利用臭氧的强氧化潜力来补救地下水含水层内的石油污染。该设计将化学氧化与土壤力学、液压和地下运输工程相结合。

【其他信息】

项目承担单位或组织：Ozonology Inc.。

修复时长：3 年。

案例 3　抽提加热法修复美国新泽西州挥发性有机物污染地下水[15]

【案例编号】案例 61-Ⅴ-OO。

【国家地区】美国，新泽西州。

【污染物及浓度】

污染范围 12820m²，氯化挥发性污染物 CVOCs 浓度 10～10000mg/kg。

【土壤水文特点】

土壤：上层为人工填土层 1.2m，接着是沙土层，厚度在 3～5m，底层为黏土及淤泥混合层。

水文：地下水位深度约为 0.8m。

【修复方法及修复过程】

污染场地为前航空航天及商业机场重建工地，需要相对快速地减少在 3.2acre 的源区内的几种氯化挥发性有机化合物（CVOCs）。源区分为 4 个不同处理深度的象限，加热同时使用 907 个导热加热井。根据污染深度分布情况，在整个地区选取了 5 个不同深度的位置，用于查探修复方案对污染物的影响。在实施之前，进行风险和优化研究，导致围绕治疗最小化地下水流量，以及用于安装加热器壳体的新型直接驱动方法的先导测试，如图 4.25 所示。

修复过程中安装了 907 口竖直加热井以及 35 个多相提取井，被用于处理该地区土壤及地下水中挥发性有机物，116 口水平蒸汽提取井深度为 0.6m，80 口竖直温度监测井深度在 1.8～12m。输电线电压 26kV，设计处理能力：蒸汽热氧化能力 4860m³/h，液相水处理能力 11.3m³/h，CVOCs 收集能力超过 23000kg。

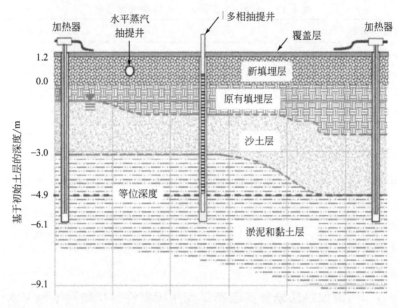

图 4.25　加热器和提取井的地层和位置的剖面图

【修复结果和风险评价】

修复后挥发性有机物浓度在 1mg/kg 以下，达到州立标准，如图 4.26 所示。

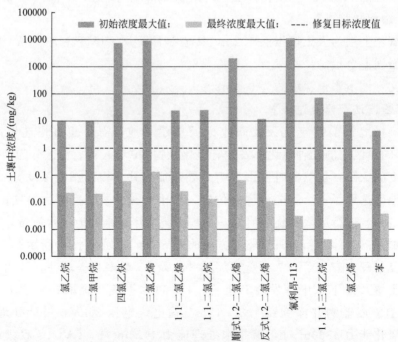

图 4.26　热处理前后所选化学品的最大土壤浓度

【其他信息】

修复时长：9个月。

修复费用：平均能源消耗 249kW·h/m³，操作费用 300000 美元，能源费用 500000 美元。

4.2 无机污染地下水修复治理案例

4.2.1 无机盐污染地下水修复治理案例分析

案例1 原位化学法修复美国加利福尼亚州高氯酸盐及硝酸盐地下水[16]

【案例编号】案例 47-Ⅳ-IS。

【国家地区】美国，加利福尼亚州。

【项目时间】2011 年。

【污染物及浓度】高氯酸盐，100mg/kg；硝酸盐，5mg/kg。

【土壤水文特点】

土壤：表层为淤泥和黏土层，地下 20m 以上为疏浚土壤层。

水文：地下水层深度 42m，pH 为 6.9～8.1。

【修复方法及修复过程】

在污染区域中 8 个不同的地方打孔，再将含有 10％的氢气、1％的二氧化碳、10％的液化石油气和 79％的氮气的混合气体以 47L/min 的速度通入含污染源的地下渗流层中发生化学反应，五个月后仅通入液化石油气，如图 4.27 所示。

【修复结果和风险评价】

气相电子受体注射技术用于原位高氯酸盐和硝酸盐生物降解是可行的，这项技术是长期保护地下水资源的创新方法，因为它有可能减少对长期泵的需求，在处理前不需要挖开土壤。修复结果见表 4.14。

表 4.14 案例 47-Ⅳ-IS 中污染物修复效果

污染物	浓度/(μg/kg)	污染物去除率/％
高氯酸盐	380	＞90
硝酸盐	200	＞90

【其他信息】

项目承担单位或组织：Aerojet General 公司。

修复时长：8个月。

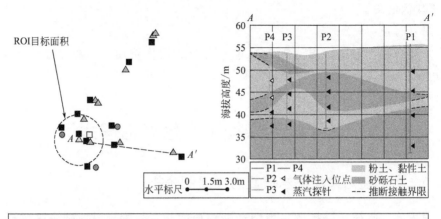

图 4.27 美国加利福尼亚州科尔多瓦测试地点的
现场布局和剖面图

案例 2 水力截获技术修复山东东营市硫酸盐污染地下水[17]

【案例编号】案例 28-Ⅲ-IS。

【国家地区】中国，山东。

【污染物及浓度】

由于该化工厂原来排放的污水中硫酸根离子含量严重超标，而排水沟底部及两侧未做隔水或防渗处理，致使污染物经排水沟渗漏进入土壤及地下含水层中，重点地段地下水中硫酸根离子含量超过 10000mg/L，对土壤和地下水已造成了严重污染。

【土壤水文特点】

土壤结构分为土壤层、地下水层、基岩。

【修复方法及修复过程】

（1）设置防渗隔污墙 由于最直接的污染源位于场地南侧，尽管该化工厂污染源已经关闭多年，但场地南部的污染仍然非常严重，为了防止场地以外的污染物继续通过地下水的运移和扩散源源不断地污染场地，在场地南侧与污染源之间以及东侧设置一道"L"形"隔离墙"，墙体深度 1m，墙体底部插入到隔水的黏土层之中。东侧的隔离墙是为了防止场地污染与东面的池塘水体发生水力联系，以免造成更大范围的污染。

（2）采用水力截获技术进行地下水污染治理　采用水力截获技术即水动力控制法进行污染治理，如图 4.28(a) 所示，利用一个抽水井和一个注水井，可以产生一个水力隔离带，将污染羽包围其中。抽水井和注水井的结构如图 4.28(b) 所示，抽水-注水处理系统剖面图见图 4.28(c)。

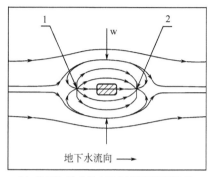

(a) 单对抽-注水井水动力控制已受污染地下水平面图(双口型)

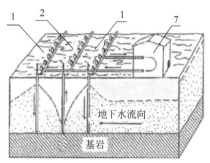

(b) 本发明的注水井和抽水井管井结构示意

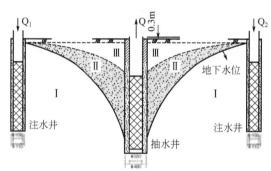

(c) 注水井-抽水井-注水井工作断面

图 4.28　水动力控制法

［（a）为注水井；（b）为抽水井］

经过一定时间的反复注水与抽水后，使场地地下水中的硫酸根离子含量不超过 300mg/L。具体步骤如下所述。

先测定抽水井中地下水水位，然后在抽水井中进行抽水，测定单井流量大小为 9.5t/d，判定地层的实际渗透能力。经过 1 天时间的抽水后，抽水泵停止运行，观测抽水井中水位的恢复能力，大约 3 天时间。

抽水井先运行 1 天，然后抽水和注水同时进行，一旦抽水井中水供应不上时停止抽水，但注水井要保持运行，当抽水井中水位恢复一定时间继续进行抽水。抽注水 15 天后，停止抽水和注水，待水位恢复 3 天左右，取水样测定硫酸根含量，完成本流程大约 7 天。

抽水进行过程中，每个周期对抽水井中抽出来的地下水进行一次硫酸根离子含量的测定，如果硫酸根离子含量低于300mg/L时停止抽水，注水工作仍需要进行，待抽水井中水位稳定后采用单向阀门采集深度为6m处的水样进行检测，如果其含量均未超过300mg/L，采用搅拌的石灰水注入约7天时间后即可停止注水，然后水位恢复取样检测，硫酸根含量均低于200mg/L，抽水井抽出的地下水集中通过2个石灰水池，经过二次沉淀，降低硫酸根离子的含量后排放，消除其对周围环境的影响，以免造成二次污染。

经过治理后场地内所有监测点地下水中硫酸根离子含量均不超过300mg/L，已达到了预期治理效果。经过治理后对保留的2个监测孔进行长期监测，地下水中硫酸根离子含量均在200mg/L左右，说明已经达到了地下水污染治理和土壤修复的目的。

【修复结果和风险评价】

经过治理后场地内所有监测点地下水中硫酸根离子含量均不超300mg/L，已达到了预期治理效果。经过治理后对保留的2个监测孔进行长期监测，地下水中含量均在200mg/L左右，说明已经达到了地下水污染治理和土壤修复的目的。

案例中水动力截获技术采用水动力控制方法来逐渐消除遭受污染的地下水体，该系统利用内环层抽出的地下水体积较小，保证污染羽不致超出隔离带的同时，降低了处理费用。

【其他信息】

项目承担单位或组织：同济大学。

修复时长：3个月左右。

案例3 曝气氧化法修复湖南黄兴镇硫酸锰行业地下水污染修复项目[18]

【案例编号】 案例50-Ⅳ-IS。

【国家地区】 中国，湖南。

【项目时间】 2001年。

【污染物及浓度】

据长沙县环境监测站监测：pH值超标率100%；SS超标率91%，锰超标率82%。其中pH均偏酸性（4.00～6.40）。焦亚硫酸钠生产工艺中的洗涤废水呈强酸性（pH=1.8），目前也未加处理直接排放。

【土壤水文特点】

区内主要水系是浏阳河，从本区东部流经全区，于长沙市北侧注入湘江。属长江水系，是湘江的一级支流，其发源于湘赣交界的围山麓，自东向西，流经浏阳市城区，过椰梨后，在长沙市下游约4km处注入湘江。河长222km，平均坡降 0.573%，集水面积 4665km²。在浏阳株树桥水库建成以前的 1951～1989 年，根据榔梨水文站实测及调查资料，浏阳河榔梨段最大年日平均流量出现在 1973 年，为 157m³/s；最小年日平均流量出现在 1972 年，为 65.7m³/s；最小径流量出现在 1972 年 9 月 2 日，为 0.68m³/s。地下水与地表水关系密切，且与地貌因素和季节变化有很大关系。区域内地表水与地下水互为补给关系。一般在河流的中、上游阶段，地下水补给地表水下游地段，多为地表水与地下水相互补给；即干旱季节地下水补给地表水，阴雨季节地表水位抬高补给地下水。

本区属侵蚀堆积地形中的河漫滩-冲积平原地貌系统，主要为冲积物，普遍分布于浏阳河及其支流两岸，组成漫滩与一级阶地，以含近代软体动物贝壳、植物残体碎片、部分夹薄层或透镜状草炭为主要特征。现以形成先后层序分述如下。

组成一级阶地的冲积物，高出河水面 3～9.7m，岩性：下部砾石层，砾石成分以板岩、砂质板岩、变质砂岩、脉石英为主，次为石英砂岩、角岩、花岗岩、硅质岩等。砾径 3～5cm，少数 6～10cm，个别 12～15cm，多呈扁圆与半浑圆，以砂泥质充填，具交错层理。中部褐黄色砂土，成分以细至粗粒石英、泥质物为主，含较多云母碎片。本层不稳定，上部为灰黄、褐黄色砂质、重砂质黏土，粉砂质结构，含褐黑色铁锰质锈斑，多小气孔，具弱黏结性，厚 0.9～7.7m。

组成漫滩的冲积物，高出河水面 0.5～6.6m，岩性：下部暗褐色砂砾层，砾石成分以板岩、变质砂岩、角岩、千枚岩、脉石英为主，次为石英砂岩、硅质岩、花岗岩等。砾径一般 3～5cm，少数 6～10cm，个别 12～15cm，多呈扁圆与半浑圆，以砂质充填，未经胶结、疏松，厚 0.8～1.5m；中部暗褐色、褐黄色砂层夹砂砾透镜体，砾石成分以板岩、变质砂岩、石英等为主，砾径一般 1～3cm，大小均匀，浑圆度好。砂质成分中石英占 70% 以上，少量同下部砾石成分之岩屑，含较多云母碎片，具有水平层理与交错层理结构。本层不稳定，常变相为砂砾层归属于下部，厚 0.1～1.1m，上部为褐黄色、暗褐色砂层，成分以石英为主，次为岩屑、泥质物等，中至细粒结构，未经胶结，很疏松。

【场地污染背景介绍】

黄兴镇的硫酸锰工业始于 20 世纪 80 年代，20 世纪 90 年代开始大规模发展。截至 2001 年年底，该镇共有 13 家企业从事硫酸锰生产，职工总人数 1400 人，硫酸锰年生产能力达 5.1×10^4t，年生产总值可达 1.02 亿元，创利税 1700 万元，其产量占该产品国内市场份额的 70%～80%，同时远销欧、美、日、澳等发达国家。该行业一度成为当地经济主要支柱，占全镇工业生产总值的 85% 以上。

这些企业除生产硫酸锰外，另有三家企业同时生产焦亚硫酸钠，四家企业同时生产硫酸锌，企业基本情况如表 4.15 所示。

表 4.15　黄兴镇各厂基本情况

厂名	厂址	职工人数	硫酸锰	材料、燃料、水消耗量/(t/a)					开工日期	备注
				二氧化锰	煤粉	工业硫酸	燃煤	工业用水		
沿江化工厂	黄兴沿江村	118	2000	2400	400	1308	2400	22400	1991.9	
兰天化工厂	黄兴兰田村	192	7000	8400	1400	4578	8400	14400	1990	
中南化工厂	黄兴旱禾村	210	4000	4800	8000	2616	4800	36000	1986	
宏业化工厂	黄兴竹山村	90	4000	4800	800	2616	4800	15000	1995.4	二氧化锰煤粉、硫酸的用量均按生产硫酸锰 1.1t、二氧化锰 0.17t、煤粉 0.66t、硫酸 1t 来计算
兴达化工厂	黄兴座寺岭	78	3000	3600	600	1962	4800	36000	1996.3	
仙竹化工厂	黄兴竹山岭	69	2600	3120	520	1700	3400	36000	1993	
仙人化工厂	黄兴兰田村	152	4000	4800	800	2616	3200	8400	1996.1	
仙鹿化工厂	黄兴鹿芝村	150	4000	4800	800	2616	4700	20600	1988	
喜瑞化工厂	黄兴旱禾村	70	2400	2880	480	1570	2400	15000	1994	
鸿达化工厂	黄兴旱禾村	95	5000	6080	1000	3270	5500	15000	1997	
仙旺化工厂	黄兴仙人村	85	5000	6000	1000	3270	5500	15000	1996	
湘海化工厂	椰梨大园村	—	5000	6000	1000	3270	5500	15000	1996	
兴旺化工厂	黄兴仙人村	50	3000	3600	600	1962	4800	30000	1999	
合计		—	51000	273000						

黄兴镇十三家硫酸锰企业，由于多方面的原因建厂时都没有进行"环境影响评价"，也没有坚持"三同时"审批制度，排放的废水、废气、废渣都没有有效的污染防治措施。全行业一年生产 5.1×10^4 t 硫酸锰产品，要产生固体废渣约 2.8×10^4 t。年排放工业废气 6.640×10^7 m³，其中含二氧化硫 2110t、烟尘 4220t、工业粉尘 1003t。大量的工业"三废"基本未经处理直接外排，对当地的水、大气、土壤及农作物产生较严重的污染与损害，使厂区附近的区域环境质量明显恶化。黄兴镇硫酸锰厂及其废渣排弃点分布见图 4.29。

上述企业硫酸锰、硫酸锌生产工艺中并无工艺性废水产生（母液全部循环使用）。排放废水中所含污染物主要来自跑、冒、滴、漏。由于没有任何治理措施，厂区总排口废水普遍超标，据长沙县环境监测站监测：pH 值超标率 100%，SS 超标率 91%，锰超标率 82%。其中 pH 均偏酸性（4.00～6.40）。焦亚硫酸钠生产工艺中的洗涤废水呈强酸性（pH=1.8），目前也未加处理直接排放，是环境酸污染的主要来源。具体情况见表 4.16 所列数据。

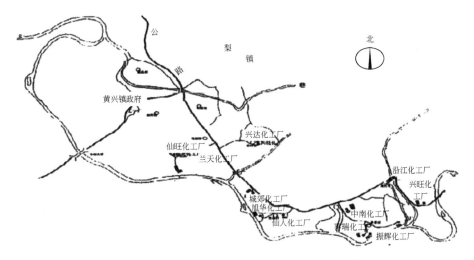

图 4.29 黄兴镇所属化工厂及硫酸锰废渣排弃点分布

表 4.16 各化工厂 Mn 超标情况

单位名称	pH	SS(超标倍数)	Mn(超标倍数)
喜瑞化工厂	5.15	3.24	5.47
兴旺化工厂	4.70	5.35	79.4
中南化工厂	3.90	2.61	—
仙旺化工厂	2.75	1.35	79.4
仙竹化工厂	1.80	0.68	—
仙人化工厂	5.10	0.05	9.7
振辉化工厂	4.75	106.8	1244.5
城郊化工厂	4.40	9.56	71.8
旭华化工厂	5.30	3.75	—
兴达化工厂	4.45	1857	2910.5
沿江化工厂	6.40	—	166
兰天化工	4.00	1.47	133.25

【修复方法及修复过程】

第一，在本试验中，考虑到经济和有利于综合利用这两方面因素，我们拟采用的稳定化/固化方法即是将会随酸雨淋滤液进入土壤、水体的可溶性二价锰离子（即 Mn^{2+}）氧化为四价不可溶锰离子，使之固定在废渣堆中，暂时不再危害环境。

第二，实验原理。理论研究和实际应用中，以氧气作为氧化剂氧化 Mn^{2+} 为 MnO_2 较多。其氧化反应总方程式为：

$$2Mn^{2+}(aq)+O_2(g)+2H_2O(l)\xlongequal{\hspace{1cm}}2MnO_2(s)+4H^+(aq) \qquad (4\text{-}1)$$

由于反应过程中有氢离子生成，如果水中碱度不够，氢离子浓度便会增加，pH 值下降，从而影响反应速率。有研究证明，pH 为 10 左右锰离子才可完全氧化，因此，较高的 pH 值为反应所必需。

在反应过程中，Mn^{2+} 的氧化及其去除与自动催化模型一致，即 Mn^{2+} 首先很快被在反应中缓慢生成的 MnO_2 分子吸附，然后才慢慢被氧化，具体的反应方程式见式(4-2)～式(4-4)。

$$Mn^{2+}(aq)+1/2O_2 \longrightarrow MnO_2(s)[慢] \qquad (4\text{-}2)$$

$$Mn^{2+}(aq)+MnO_2(s) \longrightarrow Mn^{2+}\cdot MnO_2(s)[快] \qquad (4\text{-}3)$$

$$Mn^{2+}\cdot MnO_2(s)+1/2O_2 \longrightarrow MnO_2(s)[慢] \qquad (4\text{-}4)$$

第三，污水处理工艺。污水处理工艺的选择应根据进出水水质、处理程度要求、用地面积和工程规模等多因素综合考虑，适宜的污水处理工艺不仅可以降低工程投资，还有利于运行管理以及减少运行费用，保证处理出水稳定达标。

对上述类型的含锰地下水如何处置，我国通常有以下几种设计方案。

第一方案：曝气—反应——级过滤组成的自然氧化法处理系统；

第二方案：曝气——级过滤组成的催化氧化法处理系统；

第三方案：曝气——级过滤—二级过滤组成的两级接触催化氧化法处理系统。

由于原水的锰含量很高，仅靠接触氧化过滤恐难以将锰去除彻底。因此采用以第一方案为主体的工艺流程，此方案也是常规的工艺流程，虽然流程较长，但可保证出水水质达标。处理方案如图 4.30 所示。

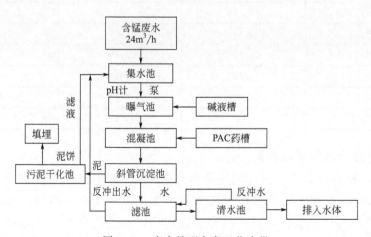

图 4.30　废水处理方案工艺流程

【修复结果和风险评价】

从黄兴镇污染区域的水文地质环境调查和水质监测入手，在水质评价的基础上查清了污染源并首次对其进行了污染特性和综合利用研究，并根据污染物的迁移规律对污染过程进行了模拟预测。在污染的治理方面，通过计算将水利截获技术应用到地下水层的净化当中去，并设计了废水抽出处理的装置设施。案例采取的综合治理技术对污染区域包括污染源、污染受体这一有机整体进行了较为全面的分析研究，充分考虑了当地的实际情况，研究结果真实可靠，研究方法和结果具有一定的指导价值，可作为相似问题地下水污染治理的参考和借鉴。

【其他信息】

项目承担单位或组织：湖南大学环境科学与工程系、环境保护研究所。

修复时长：若干年。

修复费用：16 万。

4.2.2 无机酸碱污染地下水修复治理案例分析

案例 渗透反应墙修复法修复美国国家橡树实验室硝酸污染地下水[19]

【案例编号】案例 15-Ⅱ-Ⅸ。

【国家地区】美国。

【项目时间】未提及。

【污染物及浓度】

1952～1981 年，包括硝酸（HNO_3）与铀（U）和锝（TC）在内的废液被留置在现场处置池中。该址于 1983 年被封顶。沥滤废物已经污染了地面。

【土壤水文特点】

该地块由未固结的黏土和上覆的页岩构成。黏土的渗透性非常低（约 $4 \times 10^{-7} in/s$），但是页岩上方的风化基岩通常具有较高的渗透率（局部高达 $4 \times 10^{-4} in/s$）。地下水的深度为 10～15ft，浅层单层含水层厚度为 10～20ft。渗透性反应墙（PRB）专注于在这个浅层松散区域捕获地下水。

【修复方法及修复过程】

漏斗状栅栏和闸门控制系统于 1997 年 12 月安装在指定的通道 1 区域。该系统长约 220ft，由两个翼壁组成，设计用于将地下水漏水到含有水处理罐的混凝土拱顶。处理区由 5 个垂直堆叠的反应堆组成。垂直反应堆的优点是易于清洁和更换使用过的或堵塞的铁屑。翼壁安装在大约 25ft 的深度。沟槽中的砾石回填区设计成处理区，其流动特性与周围原生淤泥和黏土之间的天然地下水梯度和渗透性等一致。使用酶破坏剂来消化随着施工进行而在沟槽中再循环的瓜尔胶。

水力和化学数据的初步评估表明，在湿季水力条件下，受污染的地下水可能会跨越沟槽而不是按照设计向下移动。现场垂直梯度似乎对地下水流量和捕获量有显著影响。数据表明，要在所有液压条件下有效、被动地进行操作，沟槽需要更长，并在较低的液压头下降时排放。在 1999 年建设的渗透性反应墙（PRB）基础上进行以下修改：将沟槽延伸 100ft，以增加地下水捕获区面积。由于潜在的地球化学对初期沟渠施工期间铁介质、土壤和地下水的地球化学影响，来自沟槽延伸部的地下水将被吸入到部署在地下混凝土箱中的第二个铁处理区（距离大约为 800ft），经处理的水将流入第二处理区的下沉沟槽。

【修复结果和风险评价】

该项目的目标是调查被动原位处理系统的可行性和有效性，以便从处置池中移走到 Bear Creek 的地下水中的污染物。早期的结果表明，该技术可以同时去除某些放射性核素（如 U 和 Tc）以及 HNO_3。

【其他信息】

修复时长：若干年。

修复费用：100 万美元。

4.2.3 重金属污染地下水修复治理案例分析

案例 1 渗透反应栅法修复美国特拉华州纽波特金属污染地下水[20]

【案例编号】 案例 11-Ⅱ-Ⅸ。

【国家地区】 美国，特拉华州。

【项目时间】 未提及。

【污染物及浓度】

污染范围：属于沿海平原地形，距离纽约和华盛顿都不超过 125mi(1mi=1.609km)。

污染物种类及浓度：1970 年与 1980 年的地下水取样研究显示该场地受到严重的金属污染（镁、钡、镉、镍、铜、铅、锌）和挥发性有机化合物污染（三氯乙烯和四氯乙烯）。入渗类型属于连续入渗型，污染物行为主要以物理化学行为为主。锌：$100\sim1000\mu g/L$；钡：$4000\sim8000\mu g/L$。

【土壤水文特点】

土壤：属于沿海平原地形，距离纽约和华盛顿都不超过 125mi，工商业较发达，场地内拥有一座染料生产工厂，一座氧化铬生产厂，两座工业垃圾填埋场和一座棒球场。

水文：溶质运移以对流作用为主，伴有弥散、吸附、挥发等作用。

【修复方法及修复过程】

选用砂土、硫酸钙、零价铁、碳酸镁的混合介质（比例为 100：20：5：5）。

垂直污染羽布置，嵌入不透水层。采用连续墙（CRB）结构，厚 18ft，长 2200ft，深 20ft。

【修复结果和风险评价】

在 2005 年的监测中，污染物锌浓度从 $100\sim1000\mu g/L$ 降至 $9\mu g/L$，钡从 $4000\sim8000\mu g/L$ 降至 $1000\mu g/L$，该反应墙的处理效果基本达到预期目标。修复后污染物浓度见表 4.17。

表 4.17　案例 11-Ⅱ-Ⅸ 修复结果

污染物	浓度/$(\mu g/L)$	污染物去除率/%
锌	9	$90\sim99$
钡	1000	$75\sim85$

可渗透反应栅（墙）技术（PRB）是目前国内外地下水原位修复的热门技术，其原理是依靠自然水力梯度使通过反应栅的污染羽流被沉淀和吸附，PRB 具有低耗能、高效率、低维护运行成本、投资费用低、处理效果好等特点，欧美国家已经成熟广泛地使用这一技术治理和修复地下水污染。

【其他信息】

修复时长：3 年。

修复费用：将近 400 万美元。

案例 2　PRB 技术修复美国华盛顿州砷污染地下水[21]

【案例编号】案例 8-Ⅱ-Ⅸ。

【国家地区】美国。

【项目时间】2009 年。

【污染物及浓度】

污染特征：木材加工厂原址，为木材垃圾及砷污染混合土填埋造成地下水污染，持续污染时间超过 35 年，地下水中砷浓度较高。

污染范围：除污染区外，随着地下水流动，在污染区域南部流向的 165m 处仍有污染物，如图 4.31 所示。

【土壤水文特点】

土壤：上表层为湿地腐殖土，中间为地质沉积层，含有大量沙石和砾石，厚度 $4.5\sim9.1m$，底层为黏土层；污染地区的地表地质影响因素主要来自湾区附近的 Puyallup 河谷洪泛区，包括 Rainier 北西侧流道的流域面积。受此影响的 $15\sim30ft(4.5\sim9.1m)$ 深层含水层中的地质沉积物为混凝土小瓶砂和粉砂质的砂岩（起源于安第斯山脉和火山碎屑的母岩，向下沉降并被黏土质淤泥含水层所覆盖）。部分地区的冲积矿石与泥炭层相互交错；其他区域含有较粗的有机碎片（包括拉哈尔沉积物相关的完整原木）。河谷由 Hylebos Creek 排出，

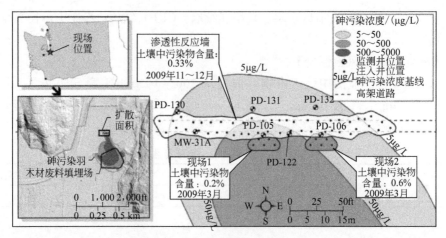

图 4.31　污染站点位置

流量约为 $5\sim25\mathrm{cfs}(0.1\sim0.7\mathrm{m}^3/\mathrm{s})$。

水文：该地点从位于东南部的高海拔冰川矿床接收地下水，研究区域的水力传导率大约为 $3.5\times10^{-2}\mathrm{cm/s}$（基于常数放电测试），湿地下受影响含水层的平均水力坡度为 0.01%（包括被淹没的冬季期间的周期梯度和平坦梯度）。研究区的平均渗流速度约为每年 $11\mathrm{ft}(3.3\mathrm{m/a})$。从污染源开始存放以来的 35 年来，砷羽流从南部约 $550\mathrm{ft}(168\mathrm{m})$ 的历史填埋边缘迁移到研究区域，其中水力坡度约为 0.5%，水力梯度 $100\mathrm{ft/d}$，平均渗流流速 $3.3\mathrm{m/a}$。

【修复方法及修复过程】

采用硫酸盐及零价铁原子复合还原固定砷的方法，将零价铁、吸附碳、硫酸盐填充在渗透性反应墙中，含砷地下水流过反应墙后被还原固定并被碳吸附回收。PRB 安装剖面如图 4.32 所示。

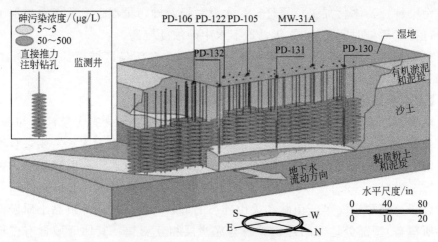

图 4.32　PRB 安装剖面图

【修复结果和风险评价】

修复后地下水中砷浓度降低至 $5\mu g/L$，污染物去除率达到约 97%。利用硫酸盐与零价铁耦合还原的渗透性反应墙（PRB）技术，成功修复治理了位于华盛顿塔科马附近的湿地区域砷羽流污染场地。该方法将含有零价铁、有机碳底物和硫酸盐的市售产品注入含砷垃圾填埋场，通过溶解砷和铁还原低速渗流治理砷污染含水层。

【其他信息】

修复时长：25 个月。

案例 3 原位修复渗透性反应墙技术修复美国北卡罗来纳州：重金属镉污染地下水[22]

【案例编号】案例 9-Ⅱ-IHM。

【国家地区】美国。

【项目时间】未提及。

【污染物及浓度】

20 世纪 90 年代初美国北卡罗来纳州 Elizabeth 城东南 5km 处海岸警卫飞机场 79 号机库污染场地 Cr^{6+} 和 TCE（三氯乙烯）污染严重，位于 Pasquotank 河南岸 60m。场地之前为一镀铬厂旧址，使用历史长达 30 多年。在使用过程中排放了酸性含铬废物和有机溶剂，它们通过混凝土地板上的小洞穿透土壤进入地下含水层。根据监测结果，该污染羽宽约 35m，深至地下 6.3m，长约 60m，从机库一直延伸至 Pasquotank 河。该场地平面布置图如图 4.33 所示。

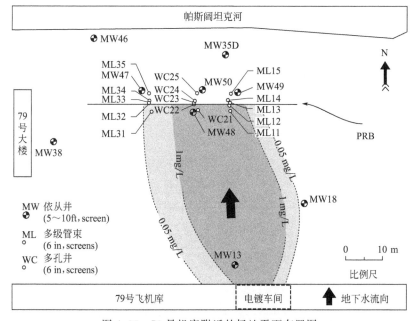

图 4.33 79 号机库附近的场地平面布置图

整个监测网络包含 130 多个地下取样点，安装于 1996 年 11 月，为 PRB 的布设提供了翔实的地球化学孔隙水空间和时间变化数据。修复目标值：Cr^{6+} 0.05mg/L；TCE 5μg/L；c-DCE 70μg/L；VC 2μg/L。主要污染物及污染程度：土壤和地下水中的污染物为 Cr^{6+} 和 TCE，污染调查阶段揭露的最大检出浓度为 14.5g/kg，地下水中六价铬最大浓度超过 10mg/L，TCE 最大浓度 19mg/L。研究表明，其在零价铁还原条件下降解性能较好，因此，能够采用化学还原的方式进行降解。工程规模约 13230m³。

【土壤水文特点】

对土壤的理化特征测试表明，含水层上部 2m 为砂质粉性黏土。地下水位介于 1.5～2.0m，含水层传导性 0.3～9.0m/d，含水层深度 7.2m，地下水流速 0.12～0.18m/d，平均横向水力梯度 0.0011～0.0033，渗透系数 0.3～8.6m/d。

【修复方法及修复过程】

该技术主要在地下安装透水的活性材料墙体拦截污染物羽状体，当污染羽状体通过反应墙时，污染物在可渗透反应墙内发生沉淀、吸附、氧化还原、生物降解等作用得以去除或转化，从而实现地下水净化的目的。

第一，技术选择。综合以上污染物特性、污染物浓度、水文地质特征以及项目修复目标值，最终选定处理能力大、设备成熟、运行管理简单、无二次污染的 PRB 技术。

第二，工艺流程和关键设备，其平面布置如图 4.33 和图 4.34 所示。

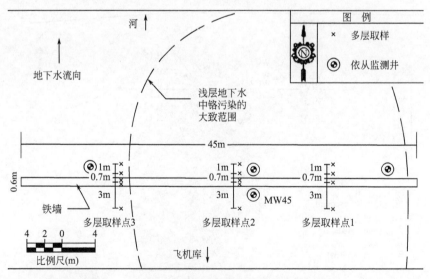

图 4.34　PRB 平面布置图

第三，主要工艺及设备参数。对于反应材料的选择，设计者专门抽取了区域内的地下水进行试验。在第 34 号监测井中测得的 TCE 和 Cr^{6+} 的质量浓度分别为 $750\mu g/L$ 和 $8mg/L$，为了试验方便，两者质量浓度分别被提高到 $2000\mu g/L$ 和 $10mg/L$。在经过批量试验和圆柱试验后，发现零价铁颗粒混合物对去除 TCE 和 Cr^{6+} 的效果更好，因此采用零价铁作为反应材料。其中铁颗粒的设计粒径为 $0.4mm$，表面积为 $0.8\sim0.9m^2/g$。基于对场地条件、工程使用与维护的方便和成本的要求及长期监测成本的考虑，该 PRB 工程选择了连续墙的形式。该工程设计要达到的目标为使 Cr^{6+} 的质量浓度降为 $0.05mg/L$ 以下和 TCE 的质量浓度降为 $0.5\mu g/L$ 以下。反应墙体为连续墙形式，填充 450t 零价铁为反应材料，大致呈东西走向，长 46m，深 7.3m，宽 0.6m，墙体垂直于地下水的流向。

【修复结果和风险评价】

该 PRB 建成投产后，3 年的监测数据显示，未经处理时 Cr^{6+} 的质量浓度最高达 $2mg/L$，而经过 PRB 反应墙后，Cr^{6+} 的质量浓度接近于 0 或者无法检出；未经处理的 TCE 质量浓度最高可达 $114\mu g/L$，经过处理后 TCE 的质量浓度最大仅为 $2.9\mu g/L$。该工程对 Cr^{6+} 和 TCE 的去除效果非常明显，满足修复要求并通过环保局的修复验收。

【其他信息】

项目承担单位或组织：美国北卡罗来纳州 Elizabeth 城某修复公司。

修复时长：约 20 年。

修复费用：设备投资、运行管理总费用约为 70 万美元，其中第一年的运行管理费用为 8.5 万美元，之后的运行管理费用为 3 万美元/年。

案例 4 渗透反应栅法修复美国犹他州蒙地切罗矿渣研磨厂污染地下水[20]

【案例编号】 案例 16-Ⅱ-IX。

【国家地区】 美国，犹他州。

【项目时间】 1999 年 3 月。

【污染物及浓度】 位于犹他州的东南部，污染羽在冲积含水层运移了 2400m，在地下水中污染羽已扩展到 $3.7\times10^5 m^3$。各污染物浓度见表 4.18。

表 4.18 案例 16-Ⅱ-IX 中污染物种类及浓度

污染物	浓度/($\mu g/L$)	污染物	浓度/($\mu g/L$)
砷	10	铀	396
锰	308	钒	395
铝	62.8		

【土壤水文特点】

土壤：一个浅的无边界的含水层位于场地下边，基岩埋深为 3～10m，且存在一个有泥岩和粉砂岩混合而成的低渗透区分隔浅层含水层和深层含水层。

水文：根据地下水建模的结果显示，地下水流速为 189L/min，饱水层厚度为 3m。

【修复方法及修复过程】

采用零价铁，经过计算需要反应时间为 6min，因此需设计的反应墙厚度为 2.5m，此厚度在 6min 内渗透性很低，故最终选择反应介质厚 2.2m，设计 PRB 使用年限是 117 年。因为污染羽体积较大，不宜采用连续墙结构，最终选用漏斗-导水门式反应墙（F&G PRB），反应墙长 31.4m，宽 2.2m，嵌入基岩 4m，采用膨润土墙和泥浆墙侧墙引导污染羽，北墙长 30m，南墙长 73m，污染羽通过反应栅的流速范围为 0.73～5.5m/d，设计流速是 3m/d。

【修复结果和风险评价】修复结果见表 4.19。

表 4.19　案例 16-II-IX 修复结果

污染物	浓度/(μg/L)	污染物去除率/%
砷	0.2	98.0
锰	117	62.0
铝	17.5	72.1
铀	0.24	99.9
钒	1.2	99.7

为了能使 PRB 技术的处理效果充分发挥，前期勘察是重中之重，断层的位置、周围岩层的透水性等需要详细勘察。在中国，地理条件非常复杂，再加上前期一些水文地质数据不全或有误，这都给 PRB 的设计增加了困难。例如，中国的黄土高原地下水埋深较深，入渗作用和排泄作用都较强且矿化度高；中国东北地区和西南部高原地区的冻土问题；中国西南部的喀斯特地貌等。这些复杂区域的 PRB 技术的应用都需要经过一定的试点试验，再经过对前期勘察资料的处理和分析，才能将 PRB 技术应用于更大的场地范围。处理好地下水投融资方式和途径，是将 PRB 技术引入中国地下水修复领域的必要条件，只有合理的投融资，才能将该技术的经济性和效益发挥到极致。

【其他信息】

修复费用：800000 美元。

4.2.4 其他无机污染地下水修复治理案例分析

案例1 硝化法修复傍河水源地氨氮污染地下水[23]

【案例编号】案例 12-Ⅱ-IAB。

【国家地区】中国，傍河水源地。

【项目时间】2011 年开始。

【污染程度及浓度】

研究发现污染河水对地下水的影响范围受包气带岩性及河水流动形状影响较大，主要分布在沿河道向两侧展布约 200m。

地下水氨氮污染沿浑河呈条带状分布，远离浑河浓度降低，一般距 520m 处氨氮浓度降为 0.5mg/L 以下。2011 年 3 月份污染场地地下水氨氮浓度较高，达到 5mg/L 以上；2011 年 6 月份氨氮浓度基本处于 1.5mg/L 以下，至 2012 年 9 月份氨氮浓度有所升高，为 3.4mg/L 左右。其地下水氨氮浓度与浑河氨氮浓度具有相同的变化规律。

【土壤水文特点】

位于浑河中下游高漫滩及一级阶地的研究区地层岩性结构特征：除表层分布有 4m 左右的亚砂土和壤土外，岩层岩性为中粗砂及粗砂夹卵砾石，卵砾石含量及粒径随距离河流变远而减少。在粗砂夹卵砾石的岩层中有不连续的黏土层分布，靠近浑河处厚度 1~2m，随着距浑河距离变远，厚度可增加至 5m。浑河河岸地下 40m 处有黏土层且连续分布。

区内潜水含水层底板位于埋深 40m 处，含水层水位埋深 1012m，含水层有效厚度 30m，下伏有黏土和淤泥质黏土构成的弱透水层，厚度 4~6m。该潜水含水层主要受浑河补给，是氨氮超标的主要含水层。

在模拟区内，潜水含水层在天然状态下的水力坡度均不大，在 4‰~8‰ 之间，渗流符合达西定律，区内水位随时间变化不大。

【场地污染背景介绍】

污染场地位于浑河中下游，研究区受氨氮污染含水层为潜水含水层，水位埋深 10m 左右，平均厚度约 30m，岩性主要为中粗砂、粗砂夹砾石，渗透系数 60~80m/d。研究区浑河水质具有季节性变化特征。受浑河补给影响，傍河区地下水氨氮污染也具有季节性变化特征。地下水氨氮污染沿浑河呈条带状分布，远离浑河浓度降低。浑河在枯水期氨氮污染较为严重，浓度在 7~10mg/L，在丰水期浓度处于最低值，小于 0.2mg/L。

【修复方法及修复过程】

示范工程尝试采用深层连续钻探的反应墙构筑技术及井填式的反应介质安

装技术，PRB由反应和监测系统组成，反应介质为法库沸石，反应系统由吸附-生物格栅构成，反应格栅内部设置了监测井，反应格栅设计为U形，以最大限度截获上游来水。释氧井位于格栅上游3m处，平行于反应格栅，通过释氧井增加反应系统中的溶解氧，增强氨氮的生物硝化反应，达到去除氨氮的目的，通过沸石吸附和微生物反应去除。经过渗透反应格栅的复合反应介质向下渗流过程中利用吸附、硝化和反硝化等作用，实现氨氮污染物的去除。

（1）修复方法流程图　中试单元反应如图4.35所示。

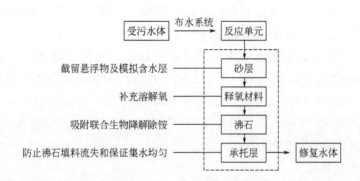

图4.35　中试单元反应流程

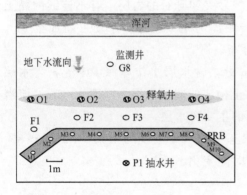

图4.36　场地PRB工程位置及结构

（2）现场情况　PRB工程位置及结构如图4.36所示。

【修复结果和风险评价】

PRB示范工程去除氨氮效果明显，地下水中氨氮浓度从2~10mg/L，降低到了0.5mg/L，达到了生活饮用水卫生标准。无论上游来水的氨氮浓度如何变化，下游监测井P1的氨氮浓度一直保持在0.5mg/L以下，表明PRB对该场地地下水氨氮的去除率可达80%。

【其他信息】无。

案例2　消石灰渗透反应墙技术修复美国犹他州蒙地切罗矿铀矿污染地下水[24]

【案例编号】案例15-Ⅱ-Ⅸ。

【国家地区】美国，犹他州。

【项目时间】未提及。

【污染物及浓度】

污染范围：堆场占地面积 $2.65 \times 10^4 m^2$（主沟 $2.09 \times 10^4 m^2$、副沟 $0.56 \times 10^4 m^2$），裸露面积 $2.77 \times 10^4 m^2$（主沟 $2.19 \times 10^4 m^2$、副沟 $0.58 \times 10^4 m^2$）。

污染物种类及浓度：尾矿的流失和渗出水的排放使该尾矿堆场下的稻田和受纳河受到污染，其中受纳河水 $\rho(U)$ 达 0.46mg/L，pH 为 3.65，使之成为该矿较难的治理项目。

【土壤水文特点】

尾矿堆场由主沟和副沟组成，主沟与副沟之间由一小山丘相隔，底部为弱渗透性黏土。主沟尾矿的堆存为不规则台阶状，而副沟尾矿则为大斜坡堆积。覆盖层从上到下分别为植被层、0.3m 厚泥砾层、0.9m 厚黄土层、2.0m 厚废石层、0.3m 厚的石灰层。

【修复方法及修复过程】

该尾矿堆场在生产期间，未采取任何拦蓄措施，造成尾矿流失。因此在对该尾矿堆场进行整治的过程中，首要任务是补筑尾矿坝，以防尾矿的进一步流失。考虑到该尾矿为干尾矿、自然粒度、无积水，以及尾矿堆场所在场地为Ⅷ度地震区，因此尾矿坝设计为抗震浆砌石坝，仅拦蓄尾矿和覆盖层。治理后的尾矿堆场不积水，洪水能及时排泄。经验算，在地震条件下，尾矿坝抗倾覆、抗压、抗剪能力和抗滑能力均足够。

尾矿堆场位于分水岭处，降水入渗是退役整治后尾矿渗漏水的主要来源。为了降低氡及 γ 的辐照、减少尾矿堆场的渗水量、改善尾矿堆场渗水的水质，尾矿堆场覆盖层采用多层覆盖，尾矿坝内侧采用消石灰渗透反应墙。

【修复结果和风险评价】

在尾矿堆场下游末端安装渗透反应墙后，尾矿渗出水的 pH 值由 2.71 上升至 6.85，$\rho(U)$ 由 12.21mg/L 降至 0.003mg/L；在受纳尾矿堆场渗漏水受纳河的入口下游 50m 处，河水 pH 值由渗透反应墙安装前的 3.65 上升到安装后的 7.50，$\rho(U)$ 由渗透反应墙安装前的 0.46mg/L 下降到安装后的 0.001mg/L。某矿尾矿堆场渗透反应墙于 2005 年 4 月底安装完毕，经过 4 个多月的运行已经取得了明显的净化效果，尾矿渗出水对受纳河污染已基本消除，地下水修复效果明显，生态已基本得到修复，详细信息见表 4.20 和表 4.21。

表 4.20　PRB 安装前后浓度对比

监测点	安装 PRB 前		安装 PRB 后	
	pH	$\rho(U)/(mg/L)$	pH	$\rho(U)/(mg/L)$
A	2.71	12.21	6.85	0.003
B	3.65	0.46	7.5	0.001

注：A 为尾矿渗出口；B 为受纳河口下游 50m。

表 4.21　案例 15-Ⅱ-IX 修复效果

污染物	浓度/浓度单位	污染物去除率/%
铀	0.001mg/L	99.8
pH	7.50	99.9

渗透反应墙作为一种新技术，有可能成为受含氯碳氢化合物（如 PCE、TCE、氯乙烯）、金属（如 Cr、U、As）和其他污染物污染的地下水修复的最有前景的方法之一。理论上，只要已知污染物的转化过程、安装一些合适的反应材料、创造必需的地球化学或微生物环境，几乎所有污染物都可以得到治理。可以降低污染物浓度的过程包括吸附、沉淀、氧化、还原、化学或微生物转化。

【其他信息】无。

案例 3　渗透性反应墙修复美国华盛顿州放射性 Sr 污染地下水[25]

【案例编号】案例 10-Ⅱ-IX。

【国家地区】美国，华盛顿州。

【项目时间】2008 年。

【污染物及浓度】

污染层较浅，约为地下 16m。

^{90}Sr 浓度 100～280pCi/g。

【土壤水文特点】

土壤：该污染区位于华盛顿州，所有监测点位于华盛顿市中心附近的哥伦比亚河沿岸，包括 100-N 核反应堆及以前用于钚生产的 DOE 核反应堆。100-N 核反应堆的运行需要从反应堆建立冷却回路和乏燃料储存池，并构造了两个水床和沟槽处理冷却水和接收废料液，部分渗透到土壤中形成污染源。

水文：在海岸线附近的 100-N 区域的自由含水层由砂砾和沙粒组成，如图 4.37 所示。在 100-N 区域 Ringold E 单元，由 Hanford 地层下的自由含水层及基于无限含水层的 Ringold 层级淤泥构成。Hanford 地层通常比底层的 Ringold E 单元更加透水；然而，由于地质各异质性，两个地层的水力传导性是高度可变的。通过对比分析，Hanford 地层和 Ringold 地层在屏障下游部分的水力传导率估计分别为 29m/d 和 9m/d。地下水大部分时间主要向西北方向流动并排入哥伦比亚河，水力坡度从 0.0005～0.003 不等。在 LWDF 附近，平均地下水速度估计为 0.03～0.6m/d，典型值为 0.3m/d。然而，河流附近的地下水流动方向和速度受到哥伦比亚河流域的日变化和季节变化的影响。位于 100-N 地区上游 29km 的湍流坝季节性变化和日常作业造成的河段波动对地下水流向、水力梯度、地下水速度和水位有显著影响；河流附近的孔隙水速度可能超过10m/d。

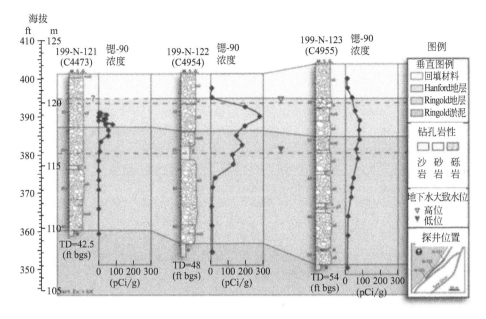

图 4.37　地下水分布

【修复方法及修复过程】

采用注射型 PRB 技术进行地下水中放射性锶的修复，其原理是利用磷酸石固定地下水中的锶。磷灰石改性剂采用两种不同的溶液配成，一种是含有柠檬酸钙络合物，另一种是磷酸钠溶液，并在原位形成磷灰石沉淀。渗透墙体长度 91m，墙体中填充磷灰石；注入井 16 口，用于注入洁净水加速地下水流动，注入速度 150L/min；水质监测井 10 口。

【修复结果和风险评价】

修复后地下水中放射性物质浓度降低了 98%。通过原位形成磷酸钙矿物相，特别是将^{90}Sr 掺入化学结构的磷灰石，将地下水中的^{90}Sr 隔离。这种可注入的渗透性反应墙技术将 PRB 概念扩展到地下水污染物较深的地方，以及受现场条件限制、传统沟槽式反应墙难以治理的案例。该方案使用了多尺度综合开发和测试方法，包括实验室规模、初步中试规模现场测试，以及 300ft 长测试规模 PRB 的安置和评估。

【其他信息】

项目承担单位或组织：PNNL。

修复时长：4 年。

参考文献

[1] Lippincott D，Streger S H，Schaefer C E. Bioaugmentation and Propane Biosparging for In Situ Biodegradation of 1，4-Dioxane [J]. Groundwater Monitoring & Remediation，2015，35（2）：81-92.

[2] 张晶，张峰，马烈. 多相抽提和原位化学氧化联合修复技术应用——某有机复合污染场地地下水修复工程案例 [J]. 环境保护科学，2016，42（3）：154-158.

[3] 李影辉. 美国有机污染场地化学氧化修复案例分析 [J]. 环境工程，2016（S1）：965-969.

[4] Heron G，Bierschenk J，Swift R. Thermal DNAPL Source Zone Treatment Impact on a CVOC Plume [J]. Groundwater Monitoring & Remediation，2016，36（1）：26-37.

[5] 王磊，龙涛，张峰. 用于土壤及地下水修复的多相抽提技术研究进展 [J]. 生态与农村环境学报，2014，30（2）：137-145.

[6] 吴秋萍，方运川. 地下水修复技术的发展与应用 [J]. 城市建设理论研究（电子版），2013，000（027）：1-16.

[7] 熊善高，李洪远，丁晓，等. 植物修复技术修复污染地下水的案例分析 [C]//第六届海峡两岸土壤和地下水污染与整治研讨会. 中国地质学会；中国生态学学会；中国土壤学会；中国环境科学学会；中科院，2012.

[8] Fetter C W，费特，周念清. 污染水文地质学 [M]. 北京：高等教育出版社，2011.

[9] 姜林，钟茂生，贾晓洋. 基于地下水暴露途径的健康风险评价及修复案例研究 [J]. 环境科学，2012（10）：3329-3335.

[10] Triplett Kingston J L，Dahlen P R，Johnson P C. Assessment of Groundwater Quality Improvements and Mass Discharge Reductions at Five In Situ Electrical Resistance Heating Remediation Sites [J]. Ground Water Monitoring & Remediation，2012，32（3）：41-51.

[11] Bass D H，Hastings N A，Brown R A. Performance of air sparging systems：A review of case studies [J]. Journal of Hazardous Materials，2000，72（2）：101-119.

[12] Nimmer M A，Wayner B D，Allen Morr A. In-Situ ozonation of contaminated ground water [J]. Environmental Progress，2000，19（3）：183-196.

[13] North K P，Mackay D M，Kayne J S. In Situ Biotreatment of TBA with Recirculation/Oxygenation [J]. Ground Water Monitoring & Remediation，2012，32（3）：52-62.

[14] 中国环境科学学会. 2016 年地下水汽油污染修复案例. http：//www.hbkp365.com/kpzs/bsg/2016-05-02-6647.html. 2016-05-02.

[15] Heron G，Parker K，Fournier S. World's Largest In Situ Thermal Desorption Project：Challenges and Solutions [J]. Groundwater Monitoring & Remediation，2015，35（3）：89-100.

[16] Evans P J，Fricke R A，Hopfensperger K. In Situ Destruction of Perchlorate and Nitrate Using Gaseous Electron Donor Injection Technology [J]. Ground Water Monitoring & Remediation，2011，31（4）：103-112.

[17] 周念清，代朝猛，赵姗. 一种硫酸盐污染场地地下水污染治理和土壤修复方法. CN104671385A [P]. 2015.

[18] 葛晓霞. 黄兴镇硫酸锰行业地下水污染及其治理研究 [D]. 长沙：湖南大学，2004.

[19] Field applications of in situ remediation technologies：permeable reactive barriers，in：U. S. E. P. Agency (Ed.) Washington，D. C.，2002.

[20] 廖梓龙. 渗透反应栅（墙）应用案例与技术经济分析 [C]//第二届土壤及地下水污染防治与修复技术高峰论坛. 中华环保联合会，2011.

[21] Beaulieu B，Ramirez R E. Arsenic Remediation Field Study Using a Sulfate Reduction and Zero-Valent Iron PRB [J]. Groundwater Monitoring & Remediation，2013，33（2）：85-94.

[22] Puls R W，Blowes D W，Gillham R W. Long-term performance monitoring for a permeable reactive barrier at the U. S. Coast Guard Support Center，Elizabeth City，North Carolina [J]. Journal of Hazardous Materials，1999，68（1-2）：109.

[23] 侯国华. 傍河区地下水氨氮污染修复的 PRB 技术研究及工程有效性分析 [D]. 北京：中国地质大学（北京），2014.

[24] 徐乐昌，周星火，詹旺生. 某铀矿尾矿堆场受污染地下水的渗透反应墙修复初探 [J]. 铀矿冶，2006，（03）：43-47.

[25] Vermeul V R，Szecsody J E，Fritz B G. An Injectable Apatite Permeable Reactive Barrier for In Situ 90Sr Immobilization [J]. Groundwater Monitoring & Remediation，2014，34（2）：28-41.

第5章
复杂地下水污染修复

5.1 复杂危化品污染地下水应急修复

5.1.1 突发性污染应急处理

突发性污染通常是指因设备失灵、生产操作失误、人为破坏或雷电、暴雨、地震等自然灾害影响，而发生的意外事故排放或渗漏，对环境造成突发性污染的现象。根据污染物进入含水层时间的长短和在含水层中的迁移快慢，结合水文地质条件的复杂性、污染物迁移的迟滞性等特点，可将地下水污染突发性事件分为事故型地下水污染突发事件和迟滞型地下水污染突发事件[1]。

事故型地下水污染突发事件一般是指由于爆炸、车祸（翻车）、溃坝等事故使得大量污染物迅速进入地下水含水层而造成的地下水污染事件。由于地下水污染具备迟滞性和隐蔽性的特点，地下含水层之上通常具有包气带作为天然屏障，所以事故发生后污染物直接进入地下含水层而造成事故型地下水突发性污染事件的概率较小。

迟滞型地下水污染突发事件是污染物在含水层或地下水中长期积累到一定程度后发生的质变，也是在对地下水环境长期不够重视、地下水环境监测和防治措施不到位、地表污染处理过程中对地下部分忽视等原因的作用下，地下水中污染物积累至某一特定条件或迁移至特定区域时发生的必然现象。

在地下水突发性污染事故发生后，首先要控制泄漏源，防止污染物的继续泄漏，然后先采取地面应急处置措施将已经泄漏的污染物进行处理，若地面上污染情况得到及时控制，可以减小污染范围甚至防止地下水受到污染[2]。

控制泄漏源后，要及时对现场的泄漏物进行处理，使泄漏物得到妥善处置，防止二次污染事故的发生。对现场泄漏物进行处理的主要方法和操作见表 5.1。

表 5.1　突发性污染事故现场处理主要方法及操作

技术名称	目标污染物	物资准备	处理效率和成本	技术成熟度	对环境影响
吸附法	纯有机液体	常用的吸附剂有聚氨酯、聚丙烯和有大量网眼的树脂	有效,受污染物影响小;成本中等	适用广泛	可能对环境造成污染
	油类及与油相似的有机物	矿物吸附剂如珍珠岩等			
	烃类、酸、醇、醛、脂等有机化合物	黏土类吸附剂如沸石等			
中和法	酸性或碱性液体	常用的强碱如氢氧化钠、碳酸氢钠水溶液等	对酸碱类污染物能有效控制;成本较高	技术成熟,但常用作辅助措施	对环境影响较大
固化法	含高浓度重金属	通常使用普通硅酸盐水泥	受污染物影响,效率可达75%以上	技术成熟,国外应用较多	可能对环境造成污染
堤堵或者挖掘沟槽	难挥发性液体	在泄漏点周围、流动下方修建环形堤、V形堤、环形沟槽	处理效果比较彻底,但需要足够的实施时间,且受环境影响;工程量大	在应急处理中技术成熟	会对生态环境造成破坏
覆盖	低沸点以及强腐蚀性、放射性、爆炸性物质	专用泡沫、干冰、液氮等	必须与其他措施配合使用;成本低	技术成熟	会对环境造成污染
稀释	毒气泄漏	活性炭,水枪等	没有将污染物处理;成本低	不常选用,较难控制	将产生大量的被污染水

5.1.2　不同地下水污染源应急处理

当污染源进入地下水中后，随着地下水的流动会形成污染羽，为防止污染在地下水中的进一步扩散造成大面积的污染事故，控制污染羽是修复治理过程的关键。根据污染物质的特点可以将地下水中污染物分为油类污染物、危险化学品类污染物和重金属污染物，对其分别采取不同的应急处理措施，分别见表 5.2~表 5.4[3,4]。

表 5.2　油类污染物应急处理技术

应急处理技术	处理效率及成本	材料准备	技术成熟度	对环境影响	实施条件
吸附法	效率为 50%~70%;成本中等	吸附剂如树脂、稻草、秸秆、活性炭等	技术成熟,应用广泛	不会造成地面沉降,但后处理可能造成环境影响	对污染物的处理条件有所限制,但比较容易操作
燃烧法	去除效率可达95%,处理时间快;处理费用低	可使用助燃剂	一般污染事件中不经常使用	产生大量有毒有害气体,对大气造成污染	操作简单,但难以做到有控燃烧
被动收集法	处理效率高,能将污染物或被污染地下水隔离;成本较低	挖沟布置收集系统,不需要复杂辅助设备	技术成熟,在美国地下水油污控制得到过广泛应用	挖沟对生态环境有所影响并可能造成地面沉降	操作简单易行
化学分散剂法	效率不高,不能完全去除;处理成本高	分散剂种类繁多,有一定毒性,需要喷洒操作设施	已有部分应用,但一般不使用	不会造成地面沉降,但是处理不完全会对环境造成影响	操作复杂,技术性强,受时间地点限制
生物处置法	处理效率高但是周期长;成本较低	生物工程菌,释氧材料	在国外石油烃类污染地下水处理中有应用	环保且不会造成地面沉降	当无法采用机械装置除油时有显著优越性,但在大规模溢油时效果不好
空气注射修复技术	效率高;成本高	设备简单,安装方便	技术成熟,原位地下水处理的首选	现场原位修复,对环境影响小	操作容易

表 5.3　危险化学品类污染物应急处理技术

应急处理技术	处理效率及成本	材料准备	技术成熟度	对环境影响	实施条件
吸附法	效率高,对水质突变适应能力强;成本较低	吸附剂树脂、活性炭、多孔陶瓷等	技术成熟,在国内广泛应用	对环境几乎没有影响	不受水文地质条件影响
加药法	处理效率高;成本较低	药剂种类较多	技术成熟,在国内有广泛的应用	会对水产生污染	不受污染物情况和水文地质条件的限制
加热法	效率一般;成本中等	材料易得,成套设备	应用较少	不会对环境产生不良影响	受水文地质条件和污染物情况的影响,不易操作
原位冲洗法	效率一般;成本中等	水或冲洗液,若注入除水外的冲洗液容易造成二次污染	应用较少	对环境和地下水位有影响	与具体场地的情况密切相关

应急处理技术	处理效率及成本	材料准备	技术成熟度	对环境影响	实施条件
原位固化法	处置效率50%以上;成本中等		在国外有较多应用	对生态无显著影响,但注入介质可能影响水质	对水文地质条件的要求较高
空气注射技术	效率高;成本高	成套设备,安装方便	技术成熟	对环境影响较小	操作容易,但受污染物情况的影响
抽出处理技术	处理效率较高,对非水溶性的污染物质处理效果差;处理成本较高	需要打水井将地下水抽出,工程量大	应用广泛,技术成熟	可能造成地面沉降,破坏土地和植被等生态环境	适用范围广泛,操作原理简单,但对于处理的污染物和水文条件有所限制

表 5.4　重金属污染物应急处理技术

应急处理技术	处理效率及成本	材料准备	技术成熟度	对环境影响	实施条件
投加药剂法	处理效果较好但处理程度不完全;处理成本低	氧化还原剂	技术相对成熟	不会破坏生态环境但对水质有一定影响	对水文地质没有要求
吸附法	效率较高;成本较低	处理后的吸附剂需进一步处理	技术相对成熟,已有所应用	对水质有一定影响	作用过程简单
渗透性反应墙	处理效果较好,处理周期长;运行费用低但是建设费用高	填充材料,如吸附剂、零价铁、络合物等	技术成熟,已得到广泛应用,但技术本身还面临一些缺陷	对自然和生态环境有一定影响	需要开挖沟槽,充填活性材料,不容易操作,受水文地质条件的限制
地下帷幕阻隔技术	有效阻止进一步扩散,但需进一步处理;材料便宜但工程量大	硅酸盐水泥等	比较成熟	对生态环境有一定影响	难以快速有效地去除污染物,只是简单防止扩散

当污染事件较为严重时,优先选择被动收集法进行应急处理,其次可以选择空气注射修复技术和燃烧法;当污染事件为中等时可选择空气注射修复技术;当污染物浓度较低时,可以选择生物法进行处理。

当事故为重大事故时,优先考虑吸附法、加药法和抽出处理法;当事故较为重大时可以采用空气注射法和渗透性反应墙技术。

当事故为特别重大时,可以采用抽出处理、吸附法和投加药物的方法;当事故比较严重时,可以优先考虑吸附法。

5.2 复杂危险化学品污染地下水中长期修复

当污染场地经过前期应急处理后地下水中污染物的浓度相对较低，若继续采用应急处理中使用的修复治理方法，则过程消耗的成本较高，而治理效果较差，甚至在加药等处理中产生二次污染[5]。因此，对于低浓度的地下水污染应当采取长期监测修复的技术来降低成本，并达到修复地下水污染的目的。在低浓度条件下，适合污染地下水中长期修复的技术见表5.5。

表 5.5 低浓度污染地下水中长期修复技术

处理技术	目标污染物	修复效果	技术优点	技术缺点
原位微生物修复	好氧微生物：脂肪烃、芳香族石油类碳氢化合物；缺氧/厌氧/共代谢型微生物；氯代有机物	好氧微生物：修复效果较好；缺氧/厌氧/共代谢型微生物：降解过程比较缓慢	对吸附或者封闭在含水层介质中的污染物也能降解；对场地扰动小，设备简单，操作方便；可与其他技术联合使用，不产生二次污染	注入井或者渗入通道有可能由于微生物的生长而发生堵塞；对高浓度、溶解度低或对微生物具有毒性的污染物降解能力差；低渗透地层（$K<10^{-4}$cm/s）中难以应用
监测自然衰减	较低浓度的地下水含氯有机溶剂、石油燃料、PAHs、BTEX、金属、放射性核素、爆炸物、木材防腐剂、农药、杀虫剂等污染	长期监测，修复效果可达90%以上	降低了污染物交叉转移的可能；修复成本较低；不需要复杂的仪器设备	修复周期长，需要长期监测；受非水相流体、水文地质条件的影响；需要复杂而昂贵的现场表征
植物修复技术	多数金属和放射性物质；多种有机化合物BTEX、PAHs、农药、杀虫剂、PCBs、爆炸物、表面活性剂等	修复效果取决于植物对污染物的耐受性	经济，成本低；环境破坏力小；能处理单一和复合污染物	需考虑修复结束后富集污染物的植物处置问题；植物衰老器官能将污染物重新释放回环境；处理周期较长，仅能适用于浅水层
PRB技术	金属铬、铜、铅、锌、锰等，石油烃、苯系物，卤代挥发性有机物，杀虫剂，多环芳烃，硝酸盐等	根据污染物特点及屏障设计，去除率90%以上，该技术一般需要2～10年	活性材料可再生后循环使用，根据装填介质的不同可以处理不同类型的污染物；活性材料使用寿命一般几年到几十年；操作费用低	处理时间较长；随着使用年限的增加，活性材料的去污能力下降；目前安装仅限于浅水层
循环井技术	VOC、SVOC和燃料等，多用于TCE、BTEX，可用于放射性污染物，不适用于无机污染物	挥发性有机物在粉质黏土至砂砾多孔介质中修复效果较好	技术成熟，操作简单；处理后含氧水被重新回注地下，有利于好氧生物对污染物的降解；能有效避免地质构造的不利情况	成本相对较高；治理的污染物种类有限，不适用于含水层厚度较小、地下水流速较大的情况；不适用于非水溶相液体的含水层地下水

参考文献

[1] 郑西来. 地下水污染控制 [M]. 武汉：华中理工大学出版社，2009.

[2] 辜凌云，全向春，李安婕. 突发性场地污染应急控制技术研究进展 [J]. 环境污染与防治，2012，34 (002)：82-86.

[3] 钱家忠. 地下水污染控制 [M]. 合肥：合肥工业大学出版社，2009.

[4] 孙雪娇. 地下水水源地污染应急处置技术筛选与评估方法研究 [D]. 哈尔滨：哈尔滨工业大学，2012.

[5] 张永波，时红，王玉和. 地下水环境保护与污染控制 [M]. 北京：中国环境科学出版社，2003.

附　　录

附录 I　地下水采样记录表

地下水采样记录表　　　　　　　　　　　　　　　监测站名＿＿＿＿＿＿＿＿＿＿＿

监测井编号	监测井名称	采样日期			采样时间	采样方法	采样深度/m	气温/℃	天气状况	现场测定记录								样品性状	样品瓶数量
		年	月	日						水位/m	水量/(m²/s)	水温/℃	颜色	嗅味	浑浊度	肉眼可见	pH值	电导率/(μS/cm)		
固定剂加入情况											备注									

采样人员＿＿＿＿＿＿＿＿＿＿＿　　　　　　　　记录人员＿＿＿＿＿＿＿＿＿＿＿

附录 II　地下水质量标准

前　　言

本标准按照 GB/T 1.1—2009 给出的规则起草。

本标准代替 GB/T 14848—1993《地下水质量标准》，与 GB/T 14848—1993 相比，除编辑性修改外，主要技术变化如下：

——水质指标由 GB/T 14848—1993 的 39 项增加至 93 项，增加了 54 项；

——参照 GB 5749—2006《生活饮用水卫生标准》，将地下水质量指标划分为常规指标和非常规指标；

——感官性状及一般化学指标由 17 项增至 20 项，增加了铝、硫化物和钠 3 项指标；用耗氧量替换了高锰酸盐指数。修订了总硬度、铁、锰、氨氮 4 项指标；

——毒理学指标中无机化合物指标由 16 项增加至 20 项，增加了硼、锑、银和铊 4 项指标；修订了亚硝酸盐、碘化物、汞、砷、镉、铅、铍、钡、镍、钴和钼 11 项指标；

——毒理学指标中有机化合物指标由 2 项增至 49 项，增加了三氯甲烷、四氯化碳、1,1,1-三氯乙烷、三氯乙烯、四氯乙烯、二氯甲烷、1,2-二氯乙烷、1,1,2-三氯乙烷、1,2-二氯丙烷、三溴甲烷、氯乙烯、1,1-二氯乙烯、1,2-二氯乙烯、氯苯、邻二氯苯、对二氯苯、三氯苯（总量）、苯、甲苯、乙苯、二甲苯、苯乙烯、2,4-二硝基甲苯、2,6-二硝基甲苯、萘、蒽、荧蒽、苯并［b］荧蒽、苯并［a］芘、多氯联苯（总量）、γ-六六六（林丹）、六氯苯、七氯、莠去津、五氯酚、2,4,6-三氯酚、邻苯二甲酸二(2-乙基己基)酯、克百威、涕灭威、敌敌畏、甲基对硫磷、马拉硫磷、乐果、百菌清、2,4-滴、毒死蜱和草甘膦；滴滴涕和六六六分别用滴滴涕（总量）和六六六（总量）代替，并进行了修订；

——放射性指标中修订了总 α 放射性；

——修订了地下水质量综合评价的有关规定。

本标准由中华人民共和国自然资源部和水利部共同提出。

本标准由全国国土资源标准化技术委员会（SAC/TC 93）归口。

本标准主要起草单位：中国地质调查局、水利部水文局、中国地质科学院水文地质环境地质研究所、中国地质大学（北京）、国家地质实验测试中心、中国地质环境监测院、中国水利水电科学研究院、淮河流域水环境监测中心、海河流域水资源保护局、中国地质调查局水文地质环境地质调查中心、中国地质调查局沈阳地质调查中心、中国地质调查局南京地质调查中心、清华大学、中国农业大学。

本标准主要起草人：文冬光、孙继朝、何江涛、毛学文、林良俊、王苏明、刘菲、饶竹、荆继红、齐继祥、周怀东、吴培任、唐克旺、罗阳、袁浩、汪珊、陈鸿汉、李广贺、吴爱民、李重九、张二勇、王璜、蔡五田、刘景涛、徐慧珍、朱雪琴、叶念军、王晓光。

本标准所代替标准的历次版本发布情况为：

——GB/T 14848—1993。

引　言

随着我国工业化进程加快，人工合成的各种化合物投入施用，地下水中各种化学组分正在发生变化；分析技术不断进步，为适应调查评价需要，进一步与升级的 GB 5749—2006 相协调，促进交流，有必要对 GB/T 14848—1993 进行修订。

GB/T 14848—1993 是以地下水形成背景为基础，适应了当时的评价需要。新标准结合修订的 GB 5749—2006、自然资源部近 20 年地下水方面的科研成果和国际最新研究成果进行了修订，增加了指标数量，指标由 GB/T 14848—1993 的 39 项增加至 93 项，增加了 54 项；调整了 20 项指标分类限值，直接采用了 19 项指标分类限值；减少了综合评价规定，使标准具有更广泛的应用性。

地下水质量标准

1　范围

本标准规定了地下水质量分类、指标及限值，地下水质量调查与监测，地下水质量评价等内容。

本标准适用于地下水质量调查、监测、评价与管理。

2　规范性引用文件

下列文件对于本文件的应用是必不可少的。凡是注日期的引用文件，仅注日期的版本适用于本文件。凡是不注日期的引用文件，其最新版本（包括所有的修改单）适用于本文件。

GB 5749—2006　生活饮用水卫生标准

GB/T 27025—2008　检测和校准实验室能力的通用要求

3　术语和定义

下列术语和定义适用于本文件。

3.1　地下水质量　ground water quality

地下水的物理、化学和生物性质的总称。

3.2　常规指标　regular indices

反映地下水质量基本状况的指标，包括感官性状及一般化学指标、微生物指标、常见毒理学指标和放射性指标。

3.3　非常规指标　non-regular indices

在常规指标上的拓展，根据地区和时间差异或特殊情况确定的地下水质量指标，反映地下水中所产生的主要质量问题，包括比较少见的无机和有机毒理学指标。

3.4 人体健康风险 human health risk

地下水中各种组分对人体健康产生危害的概率。

4 地下水质量分类及指标

4.1 地下水质量分类

依据我国地下水质量状况和人体健康风险，参照生活饮用水、工业、农业等用水质量要求，依据各组分含量高低（pH 除外），分为五类。

Ⅰ类：地下水化学组分含量低，适用于各种用途；

Ⅱ类：地下水化学组分含量较低，适用于各种用途；

Ⅲ类：地下水化学组分含量中等，以 GB 5749—2006 为依据，主要适用于集中式生活饮用水水源及工农业用水；

Ⅳ类：地下水化学组分含量较高，以农业和工业用水质量要求以及一定水平的人体健康风险为依据适用于农业和部分工业用水，适当处理后可作生活饮用水；

Ⅴ类：地下水化学组分含量高，不宜作为生活饮用水水源，其他用水可根据使用目的选用。

4.2 地下水质量分类指标

地下水质量指标分为常规指标和非常规指标，其分类及限值分别见表 1 和表 2。

表 1　地下水质量常规指标及限值

序号	指标	Ⅰ类	Ⅱ类	Ⅲ类	Ⅳ类	Ⅴ类
感官性状及一般化学指标						
1	色（铂钴色度单位）	≤5	≤5	≤15	≤25	>25
2	嗅和味	无	无	无	无	有
3	浑浊度/NTUᵃ	≤3	≤3	≤3	≤10	>10
4	肉眼可见物	无	无	无	无	有
5	pH	6.5≤pH≤8.5			5.5≤pH<6.5 8.5<pH≤9.0	pH<5.5 或 pH>9.0
6	总硬度（以 CaCO₃ 计）/(mg/L)	≤150	≤300	≤450	≤650	>650
7	溶解性总固体/(mg/L)	≤300	≤500	≤1000	≤2000	>2000
8	硫酸盐/(mg/L)	≤50	≤150	≤250	≤350	>350
9	氯化物/(mg/L)	≤50	≤150	≤250	≤350	>350
10	铁/(mg/L)	≤0.1	≤0.2	≤0.3	≤2.0	>2.0
11	锰/(mg/L)	≤0.05	≤0.05	≤0.10	≤1.50	>1.50
12	铜/(mg/L)	≤0.01	≤0.05	≤1.00	≤1.50	>1.50
13	锌/(mg/L)	≤0.05	≤0.5	≤1.00	≤5.00	>5.00
14	铝/(mg/L)	≤0.01	≤0.05	≤0.20	≤0.50	>0.50

序号	指标	Ⅰ类	Ⅱ类	Ⅲ类	Ⅳ类	Ⅴ类
15	挥发性酚类(以苯酚计)/(mg/L)	≤0.001	≤0.001	≤0.002	≤0.01	>0.01
16	阴离子表面活性剂/(mg/L)	不得检出	≤0.1	≤0.3	≤0.3	>0.3
17	耗氧量(COD$_{Mn}$法,以 O$_2$ 计)/(mg/L)	≤1.0	≤2.0	≤3.0	≤10.0	>10.0
18	氨氮(以 N 计)/(mg/L)	≤0.02	≤0.10	≤0.50	≤1.50	>1.50
19	硫化物/(mg/L)	≤0.005	≤0.01	≤0.02	≤0.10	>0.10
20	钠/(mg/L)	≤100	≤150	≤200	≤400	>400
微生物指标						
21	总大肠菌群/(MPN[b]/100mL 或 CFU[c]/100mL)	≤3.0	≤3.0	≤3.0	≤100	>100
22	菌落总数/(CFU/mL)	≤100	≤100	≤100	≤1000	>1000
毒理学指标						
23	亚硝酸盐(以 N 计)/(mg/L)	≤0.01	≤0.10	≤1.00	≤4.80	>4.80
24	硝酸盐(以 N 计)/(mg/L)	≤2.0	≤5.0	≤20.0	≤30.0	>30.0
25	氰化物/(mg/L)	≤0.001	≤0.01	≤0.05	≤0.1	>0.1
26	氟化物/(mg/L)	≤1.0	≤1.0	≤1.0	≤2.0	>2.0
27	碘化物/(mg/L)	≤0.04	≤0.04	≤0.08	≤0.50	>0.50
28	汞/(mg/L)	≤0.0001	≤0.0001	≤0.001	≤0.002	>0.002
29	砷/(mg/L)	≤0.001	≤0.001	≤0.01	≤0.05	>0.05
30	硒/(mg/L)	≤0.01	≤0.01	≤0.01	≤0.1	>0.1
31	镉/(mg/L)	≤0.0001	≤0.001	≤0.005	≤0.01	>0.01
32	铬(六价)/(mg/L)	≤0.005	≤0.01	≤0.05	≤0.10	>0.10
33	铅/(mg/L)	≤0.005	≤0.005	≤0.01	≤0.10	>0.10
34	三氯甲烷/(μg/L)	≤0.5	≤6	≤60	≤300	>300
35	四氯化碳/(μg/L)	≤0.5	≤0.5	≤2.0	≤50.0	>50.0
36	苯/(μg/L)	≤0.5	≤1.0	≤10.0	≤120	>120
37	甲苯/(μg/L)	≤0.5	≤140	≤700	≤1400	>1400
放射性指标[d]						
38	总 α 放射性/(Bq/L)	≤0.1	≤0.1	≤0.5	>0.5	>0.5
39	总 β 放射性/(Bq/L)	≤0.1	≤1.0	≤1.0	>1.0	>1.0

[a] NTU 为散射浊度单位。

[b] MPN 表示最可能数。

[c] CFU 表示菌落形成单位。

[d] 放射性指标超过指导值,应进行核素分析和评价。

表 2　地下水质量非常规指标及限值

序号	指标	Ⅰ类	Ⅱ类	Ⅲ类	Ⅳ类	Ⅴ类
毒理学指标						
1	铍/(mg/L)	≤0.0001	≤0.0001	≤0.002	≤0.06	>0.06
2	硼/(mg/L)	≤0.02	≤0.10	≤0.50	≤2.00	>2.00
3	锑/(mg/L)	≤0.0001	≤0.0005	≤0.005	≤0.01	>0.01
4	钡/(mg/L)	≤0.01	≤0.10	≤0.70	≤4.00	>4.00
5	镍/(mg/L)	≤0.002	≤0.002	≤0.02	≤0.10	>0.10
6	钴/(mg/L)	≤0.005	≤0.005	≤0.05	≤0.10	>0.10
7	钼/(mg/L)	≤0.001	≤0.01	≤0.07	≤0.15	>0.15
8	银/(mg/L)	≤0.001	≤0.01	≤0.05	≤0.10	>0.10
9	铊/(mg/L)	≤0.0001	≤0.0001	≤0.0001	≤0.001	>0.001
10	二氯甲烷/(μg/L)	≤1	≤2	≤20	≤500	>500
11	1,2-二氯乙烷/(μg/L)	≤0.5	≤3.0	≤30.0	≤40.0	>40.0
12	1,1,1-三氯乙烷/(μg/L)	≤0.5	≤400	≤2000	≤4000	>4000
13	1,1,2-三氯乙烷/(μg/L)	≤0.5	≤0.5	≤5.0	≤60.0	>60.0
14	1,2-二氯丙烷/(μg/L)	≤0.5	≤0.5	≤5.0	≤60.0	>60.0
15	三溴甲烷/(μg/L)	≤0.5	≤10.0	≤100	≤800	>800
16	氯乙烯/(μg/L)	≤0.5	≤0.5	≤5.0	≤90.0	>90.0
17	1,1-二氯乙烯/(μg/L)	≤0.5	≤3.0	≤30.0	≤60.0	>60.0
18	1,2-二氯乙烯/(μg/L)	≤0.5	≤5.0	≤50.0	≤60.0	>60.0
19	三氯乙烯/(μg/L)	≤0.5	≤7.0	≤70.0	≤210	>210
20	四氯乙烯/(μg/L)	≤0.5	≤4.0	≤40.0	≤300	>300
21	氯苯/(μg/L)	≤0.5	≤60.0	≤300	≤600	>600
22	邻二氯苯/(μg/L)	≤0.5	≤200	≤1000	≤2000	>2000
23	对二氯苯/(μg/L)	≤0.5	≤30.0	≤300	≤600	>600
24	三氯苯(总量)ᵃ/(μg/L)	≤0.5	≤4.0	≤20.0	≤180	>180
25	乙苯/(μg/L)	≤0.5	≤30.0	≤300	≤600	>600
26	二甲苯(总量)ᵇ/(μg/L)	≤0.5	≤100	≤500	≤1000	>1000
27	苯乙烯/(μg/L)	≤0.5	≤2.0	≤20.0	≤40.0	>40.0
28	2,4-二硝基甲苯/(μg/L)	≤0.1	≤0.5	≤5.0	≤60.0	>60.0
29	2,6-二硝基甲苯/(μg/L)	≤0.1	≤0.5	≤5.0	≤30.0	>30.0
30	萘/(μg/L)	≤1	≤10	≤100	≤600	>600
31	蒽/(μg/L)	≤1	≤360	≤1800	≤3600	>3600
32	荧蒽/(μg/L)	≤1	≤50	≤240	≤480	>480

序号	指标	Ⅰ类	Ⅱ类	Ⅲ类	Ⅳ类	Ⅴ类
33	苯并[b]荧蒽/(μg/L)	≤0.1	≤0.4	≤4.0	≤8.0	>8.0
34	苯并[a]芘/(μg/L)	≤0.002	≤0.002	≤0.01	≤0.50	>0.50
35	多氯联苯(总量)c/(μg/L)	≤0.05	≤0.05	≤0.50	≤10.0	>10.0
36	邻苯二甲酸二(2-乙基己基)酯/(μg/L)	≤3	≤3	≤8.0	≤300	>300
37	2,4,6-三氯酚/(μg/L)	≤0.05	≤20.0	≤200	≤300	>300
38	五氯酚/(μg/L)	≤0.05	≤0.90	≤9.0	≤18.0	>18.0
39	六六六(总量)d/(μg/L)	≤0.01	≤0.50	≤5.00	≤300	>300
40	γ-六六六(林丹)/(μg/L)	≤0.01	≤0.20	≤2.00	≤150	>150
41	滴滴涕(总量)e/(μg/L)	≤0.01	≤0.10	≤1.00	≤2.00	>2.00
42	六氯苯/(μg/L)	≤0.01	≤0.10	≤1.00	≤2.00	>2.00
43	七氯/(μg/L)	≤0.01	≤0.04	≤0.40	≤0.80	>0.80
44	2,4-滴/(μg/L)	≤0.1	≤6.0	≤30.0	≤150	>150
45	克百威/(μg/L)	≤0.05	≤1.40	≤7.00	≤14.0	>14.0
46	涕灭威/(μg/L)	≤0.05	≤0.60	≤3.00	≤30.0	>30.0
47	敌敌畏/(μg/L)	≤0.05	≤0.10	≤1.00	≤2.00	>2.00
48	甲基对硫磷/(μg/L)	≤0.05	≤4.00	≤20.0	≤40.0	>40.0
49	马拉硫磷/(μg/L)	≤0.05	≤25.0	≤250	≤500	>500
50	乐果/(μg/L)	≤0.05	≤16.0	≤80.0	≤160	>160
51	毒死蜱/(μg/L)	≤0.05	≤6.00	≤30.0	≤60.0	>60.0
52	百菌清/(μg/L)	≤0.05	≤1.00	≤10.0	≤150	>150
53	莠去津/(μg/L)	≤0.05	≤0.40	≤2.00	≤600	>600
54	草甘膦/(μg/L)	≤0.1	≤140	≤700	≤1400	>1400

a 三氯苯(总量)为1,2,3-三氯苯、1,2,4-三氯苯、1,3,5-三氯苯3种异构体加和。

b 二甲苯(总量)为邻二甲苯、间二甲苯、对二甲苯3种异构体加和。

c 多氯联苯(总量)为PCB28、PCB52、PCB101、PCB118、PCB138、PCB153、PCB180、PCB194、PCB-206 9种多氯联苯单体加和。

d 六六六(总量)为α-六六六、β-六六六、γ-六六六、δ-六六六4种异构体加和。

e 滴滴涕(总量)为o,p'-滴滴涕、p,p'-滴滴伊、p,p'-滴滴滴、p,p'-滴滴涕4种异构体加和。

5 地下水质量调查与监测

5.1 地下水质量应定期监测。潜水监测频率应不少于每年两次(丰水期和枯水期各1次),承压水监测频率可以根据质量变化情况确定,宜每年1次。

5.2 依据地下水质量的动态变化,应定期开展区域性地下水质量调查评价。

5.3 地下水质量调查与监测指标以常规指标为主,为便于水化学分析结果的审核,应补充钾、钙、镁、重碳酸根、碳酸根、游离二氧化碳指标;不同地区可在常规指标的基础上，根据当地实际情况补充选定非常规指标进行调查与监测。

5.4　地下水样品的采集参照相关标准执行，地下水样品的保存和送检按《地下水质量标准》附录 A 执行。

5.5　地下水质量检测方法的选择参见《地下水质量标准》附录 B，使用前应按照 GB/T 27025—2008 中 5.4 的要求，进行有效确认和验证。

6　地下水质量评价

6.1　地下水质量评价应以地下水质量检测资料为基础。

6.2　地下水质量单指标评价，按指标值所在的限值范围确定地下水质量类别，指标限值相同时，从优不从劣。

示例：挥发性酚类Ⅰ、Ⅱ类限值均为 0.001mg/L，若质量分析结果为 0.001mg/L 时，应定为Ⅰ类，不定为Ⅱ类。

6.3　地下水质量综合评价，按单指标评价结果最差的类别确定，并指出最差类别的指标。

示例：某地下水样氯化物含量 400mg/L，四氯乙烯含量 350μg/L，这两个指标属Ⅴ类，其余指标均低于Ⅴ类。则该地下水质量综合类别定为Ⅴ类，Ⅴ类指标为氯离子和四氯乙烯。

参考文献

[1]　GB/T 1576—2008. 工业锅炉水质.

[2]　GB 3838—2002. 地表水环境质量标准.

[3]　GB 5084—2005. 农田灌溉水质标准.

[4]　GB/T14157—1993. 水文地质术语.

[5]　CJ/T 206—2005. 城市供水水质标准.

[6]　SL 219—2013. 水环境监测规范.

[7]　金银龙，鄂学礼，张岚. GB 5749—2006《生活饮用水卫生标准》释义 [M]. 北京：中国标准出版社，2007.

[8]　卫生部卫生标准委员会. GB 5749—2006《生活饮用水卫生标准》应用指南 [M]. 北京：中国标准出版社，2010.

[9]　夏青，陈艳卿，刘宪兵. 水质基准与水质标准 [M]. 北京：中国标准出版社，2004.

[10]　Australian Govement，National Health and Medical Research Council，Natural Resource Management Ministerial Council. National Water Quality Management Strategy，Australlan drinking water guidelines. 2013.

[11]　Council Directive 98/83/EC on the quality of water intended for human consumption. EU's Drinking Water Standard. 1998.

[12]　U. S. Environmental Protection Agency. Edition of the drinking water standards and health advisories. Washington，D. C. ，2012.

[13]　World Health Organization. Guidelines for drinking-water quality（4th ed.）. Geneva，2011.

附录Ⅲ 地下水和地表水检测项目和分析方法

序号	监测项目	分析方法	最低检出浓度（量）	备注
1	水温	温度计法	0.1℃	GB 13195—1991
2	色度	1. 铂钴比色法	—	GB 11903—1989
		2. 稀释倍数法		GB 11903—1989
3	臭	1. 文字描述法	—	文献[1]
		2. 臭阈值法	—	文献[1]
4	浊度	1. 分光光度法	3NTU	GB 13200—1991
		2. 目视比浊法	1NTU	GB 13200—1991
5	透明度	1. 铅字法	0.5cm	文献[1]
		2. 塞氏圆盘法	0.5cm	文献[1]
		3. 十字法	5cm	文献[1]
6	pH	玻璃电极法	0.1(pH 值)	GB 6920—1986
7	悬浮物	重量法	4mg/L	GB 11901—1989
8	矿化度	重量法	4mg/L	文献[1]
9	电导率	电导仪法	1μS/cm(25℃)	文献[1]
10	总硬度	1.EDTA 滴定法	0.05mmol/L	GB 7477—1987
		2. 钙镁换算法		文献[1]
		3. 流动注射法		文献[1]
11	溶解氧	1. 碘量法	0.2mg/L	GB 7489—1987
		2. 电化学探头法		HJ 506—2009
12	高锰酸盐指数	1. 高锰酸盐指数	0.5mg/L	GB 11892—1989
		2. 碱性高锰酸钾法	0.5mg/L	文献[1]
		3. 流动注射连续测定法	0.5mg/L	文献[1]
13	化学需氧量	1. 重铬酸盐法	5mg/L	HJ 828—2017
		2. 库仑法	2mg/L	文献[1]
		3. 快速 COD 法（a. 催化快速法；b. 密闭催化消解法；c. 节能加热法）	2mg/L	需与标准回流 2h 进行对照 文献[1]
14	生化需氧量	1. 稀释与接种法	2mg/L	HJ 505—2009
		2. 微生物传感器快速测定法	—	HJ/T 86—2002

序号	监测项目	分析方法	最低检出浓度（量）	备注
15	氨氮	1. 纳氏试剂分光光度法	0.025mg/L	HJ 535—2009
		2. 蒸馏—中和滴定法	0.2mg/L	HJ 537—2009
		3. 水杨酸分光光度法	0.01mg/L	HJ 536—2009
		4. 电极法	0.03mg/L	—
		5. 气相分子吸收法	0.0005mg/L	文献[1]
16	挥发酚	1. 4-氨基安替比林萃取光度法	0.002mg/L	HJ 503—2009
		2. 溴化容量法	—	HJ 502—2009
17	总有机碳	燃烧氧化-非分散红外吸收法	0.5mg/L	HJ 501—2009
18	油类	1. 重量法	10mg/L	文献[1]
		2. 红外分光光度法	0.1mg/L	HJ 637—2018
19	总氮	碱性过硫酸钾消解—紫外分光光度法	0.05mg/L	HJ 636—2012
20	总磷	1. 钼酸铵分光光度法	0.01mg/L	GB 11893—1989
		2. 孔雀绿-磷钼杂多酸分光光度法	0.005mg/L	文献[1]
		3. 氯化亚锡还原光光度法	0.025mg/L	文献[1]
		4. 离子色谱法	0.01mg/L	文献[1]
21	亚硝酸盐氮	1. N-(1-萘基-)-乙二胺光度法	0.005mg/L	GB 13580.7—1992
		2. 分光光度法	0.003mg/L	GB 7493—1987
		3. α-萘胺比色法	0.003mg/L	GB 13589—2007
		4. 离子色谱法	0.05mg/L	文献[1]
		5. 气相分子吸收法	5μg/L	文献[1]
22	硝酸盐氮	1. 酚二磺酸分光光度法	0.02mg/L	GB 7480—1987
		2. 镉柱还原法	0.005mg/L	文献[1]
		3. 紫外分光光度法	0.08mg/L	文献[1]
		4. 离子色谱法	0.04mg/L	文献[1]
		5. 气相分子吸收法	0.03mg/L	文献[1]
		6. 电极流动法	0.21mg/L	文献[1]
23	凯氏氮	蒸馏-滴定法	0.2mg/L	GB 11891—1989
24	酸度	1. 酸碱指示剂滴定法	—	文献[1]
		2. 电位滴定法	—	文献[1]
25	碱度	1. 酸碱指示剂滴定法	—	文献[1]
		2. 电位滴定法	—	文献[1]
26	氯化物	1. 硝酸银滴定法	2mg/L	GB 11896—1989
		2. 电位滴定法	3.4mg/L	文献[1]

序号	监测项目	分析方法	最低检出浓度(量)	备注
26	氯化物	3. 离子色谱法	0.04mg/L	文献[1]
		4. 电极流动法	0.9mg/L	文献[1]
27	游离氯和总氯(活性氯)	1. N,N-二乙基-1,4-苯二胺滴定法	0.03mg/L	HJ 585—2010
		2. N,N-二乙基-1,4-苯二胺分光光度法	0.05mg/L	HJ 586—2010
28	二氧化氯	连续滴定碘量法	—	GB 4287—2012 附录 A
29	氟化物	1. 离子选择电极法(含流动电极法)	0.05mg/L	GB 7484—1987
		2. 氟试剂分光光度法	0.05mg/L	HJ 488—2009
		3. 离子色谱法	0.02mg/L	文献[1]
30	氰化物	1. 异烟酸-吡唑啉酮比色法	0.004mg/L	HJ 484—2009
		2. 吡啶-巴比妥酸比色法	0.002mg/L	HJ 484—2009
		3. 硝酸银滴定法	0.25mg/L	HJ 484—2009
31	硫氰酸盐	异烟酸-吡唑啉酮分光光度法	0.04mg/L	GB/T 13897—1992
32	铁(2,3)氰化合物	1. 原子吸收分光光度法	0.5mg/L	GB/T 13898—1992
		2. 三氯化铁分光光度法	0.4mg/L	GB/T 13899—1992
33	硫酸盐	1. 重量法	10mg/L	GB 11899—1989
		2. 铬酸钡光度法	1mg/L	文献[1]
		3. 火焰原子吸收法	0.2mg/L	GB 4287—2012
		4. 离子色谱法	0.1mg/L	文献[1]
34	硫化物	1. 亚甲基蓝分光光度法	0.005mg/L	GB/T 16489—1996
		2. 直接显色分光光度法	0.004mg/L	GB/T 4287—2012
		3. 间接原子吸收法	—	文献[1]
		4. 碘量法	0.02mg/L	文献[1]
35	银	1. 火焰原子吸收分光光度法	0.03mg/L	GB 11907—1989
		2. 镉试剂 2B 分光光度法	0.01mg/L	HJ 490—2009
		3. 3,5-Br$_2$-PADAP 分光光度法	0.02mg/L	HJ 489—2009
36	砷	1. 硼氢化钾-硝酸银分光光度法	0.0004mg/L	GB 11900—1989
		2. 氢化物发生原子吸收法	0.002mg/L	文献[1]
		3. 二乙基二硫代氨基甲酸银分光光度法	0.007mg/L	GB 7485—1987
		4. 等离子发射光谱法	0.2mg/L	文献[1]
		5. 原子荧光法	0.5μg/L	文献[1]
37	镉	1. 流动注射-在线富集火焰原子吸收法	2μg/L	GB 7475—1987
		2. 火焰原子吸收法	1μg/L(螯合萃取法)	GB 7475—1987

序号	监测项目	分析方法	最低检出浓度（量）	备注
37	镉	3. 双硫腙分光光度法	$1\mu g/L$	GB 7471—1987
		4. 石墨炉原子吸收法	$0.10\mu g/L$	文献[1]
		5. 阳极溶出伏安法	$0.5\mu g/L$	文献[1]
		6. 极谱法	$10^{-6}mol/L$	文献[1]
		7. 等离子发射光谱法	$0.006mg/L$	文献[1]
38	铬	1. 火焰原子吸收法	$0.05mg/L$	文献[1]
		2. 石墨炉原子吸收法	$0.2\mu g/L$	文献[1]
		3. 高锰酸钾氧化-二苯碳酰二肼分光光度法	$0.004mg/L$	GB 7466—1987
		4. 等离子发射光谱法	$0.02mg/L$	文献[1]
39	六价铬	1. 二苯碳酰二肼分光光度法	$0.004mg/L$	GB 7467—1987
		2. APDC-MIBK 萃取原子吸收法	$0.001mg/L$	文献[1]
		3. DDTC-MIBK 萃取原子吸收法	$0.001mg/L$	文献[1]
		4. 差示脉冲极谱法	$0.001mg/L$	文献[1]
40	铜	1. 火焰原子吸收法	$0.05mg/L$（直接法）	GB 7475—1987
		2. 2,9-二甲基-1,10-菲罗啉分光光度法	$1\mu g/L$（螯合萃取法）	HJ 486—2009
		3. 二乙基二硫代氨基甲酸钠分光光度法	$0.06mg/L$	HJ 485—2009
		4. 流动注射-二乙基二硫代氨基甲酸银分光光度法	$0.01mg/L$	文献[1]
		5. 阳极溶出伏安法	$2\mu g/L$	文献[1]
		6. 示波极谱法	$0.5\mu g/L$	文献[1]
		7. 等离子发射光谱法	$10^{-6}mol/L$	
41	汞	1. 冷原子吸收法	$0.1\mu g/L$	HJ 597—2011
		2. 原子荧光法	$0.01\mu g/L$	文献[1]
		3. 双硫腙分光光度法	$2\mu g/L$	GB 7469—1987
42	铁	1. 火焰原子吸收法	$0.03mg/L$	GB 11911—1989
		2. 邻菲啰啉分光光度法	$0.03mg/L$	
43	锰	1. 火焰原子吸收法	$0.01mg/L$	GB 11911—1989
		2. 高碘酸钾分光光度法	$0.05mg/L$	GB 11906—1989
		3. 等离子发射光谱法	$0.002mg/L$	文献[1]
44	镍	1. 火焰原子吸收法	$0.05mg/L$	GB 11912—1989
		2. 丁二酮肟分光光度法	$0.25mg/L$	GB 11910—1989
		3. 等离子发射光谱法	$0.02mg/L$	文献[1]

序号	监测项目	分析方法	最低检出浓度（量）	备注
45	铅	1. 火焰原子吸收法	10μg/L（螯合萃取法）	GB 7475—1987
		2. 流动注射-在线富集火焰原子吸收法	5.0μg/L	环监[1995]079号文
		3. 双硫腙分光光度法	0.01mg/L	GB 7470—1987
		4. 阳极溶出伏安法	0.5mg/L	文献[1]
		5. 示波极谱法	0.02mg/L	GB/T 13896—1992
		6. 等离子发射光谱法	0.10mg/L	文献[1]
46	锌	1. 火焰原子吸收法	0.02mg/L	GB 7475—1987
		2. 流动注射-在线富集火焰原子吸收法	4μg/L	文献[1]
		3. 双硫腙分光光度法	0.005mg/L	GB 7472—1987
		4. 阳极溶出伏安法	0.5mg/L	文献[1]
		5. 示波极谱法	10^{-6}mol/L	文献[1]
		6. 等离子发射光谱法	0.01mg/L	文献[1]
47	钡	无火焰原子吸收法	0.00618mg/L	文献[2]
48	钙	1. 火焰原子吸收法	0.02mg/L	GB 11905—1989
		2. EDTA络合滴定法	1.00mg/L（量）	GB 7477—1987
		3. 等离子发射光谱法	0.01mg/L	文献[1]
49	钼	无火焰原子吸收法	0.003mg/L	文献[2]
50	镁	1. 火焰原子吸收法	0.002mg/L	GB 11905—1989
		2. EDTA络合滴定法	1.00mg/L	GB 7477—1987（Ca,Mg总量）
51	钒	1. 钽试剂（BPHA）萃取分光光度法	0.018mg/L	GB/T 15503—1995
		2. 无火焰原子吸收法	0.007mg/L	文献[2]
52	挥发性卤代烃	1. 气相色谱法	0.01~0.10μg/L	HJ 620—2011
		2. 吹脱捕集气相色谱法	0.009~0.08μg/L	文献[1]
		3. GC/MS法	0.03~0.3μg/L	文献[1]
53	苯系物	1. 气相色谱法	0.005mg/L	GB 11890—1989
		2. 吹脱捕集气相色谱法	0.002~0.003μg/L	文献[1]
		3. GC/MS法	0.01~0.02μg/L	文献[1]
54	氯苯类	1. 气相色谱法（1,2-二氯苯、1,4-二氯苯、1,2,4-三氯苯）	1~5μg/L	HJ 621—2011
		2. 气相色谱法	0.5~5μg/L	文献[1]
		3. GC/MS法	0.02~0.08μg/L	文献[1]

序号	监测项目	分析方法	最低检出浓度（量）	备注
55	苯胺类	1. N-(1-萘基)乙二胺偶氮分光光度法	0.03mg/L	GB 11889—1989
		2. 气相色谱法	0.01mg/L	文献[1]
		3. 高效液相色谱法	0.3～1.3μg/L	文献[1]
56	丙烯腈和丙烯醛	1. 气相色谱法	0.6mg/L	HJ/T 73—2001
		2. 吹脱捕集气相色谱法	0.5～0.7μg/L	文献[1]
57	甲醛	1. 乙酰丙酮光度法	0.05mg/L	HJ 601—2011
		2. 变色酸光度法	0.1mg/L	文献[1]
58	苯酚类	气相色谱法	0.03mg/L	HJ 591—2010
59	硝基苯类	1. 气相色谱法	0.2～0.3μg/L	HJ 648—2013
		2. 还原-偶氮光度法（一硝基和二硝基化合物）	0.20mg/L	文献[1]
		3. 氯代十六烷基吡啶光度法（三硝基化合物）	0.50mg/L	文献[1]
60	有机磷农药	1. 气相色谱法（乐果、对硫磷、甲基对硫磷、马拉硫磷、敌敌畏、敌百虫）	0.05～0.5μg/L	GB 13192—1991
		2. 气相色谱法（速灭磷、甲拌磷、二嗪农、异稻瘟净、甲基对硫磷、杀螟硫磷、溴硫磷、水胺硫磷、稻丰散、杀扑磷）	0.0002～0.0058mg/L	GB/T 14552—2003
61	有机氯农药	1. 气相色谱法	4～200ng/L	GB 7492—1987
		2. GC/MS法	0.5～1.6ng/L	文献[1]
62	苯并[a]芘	1. 乙酰化滤纸层析荧光分光光度法	0.004μg/L	GB 11895—1989
		2. 高效液相色谱法	0.001μg/L	HJ 478—2009
63	多环芳烃	高效液相色谱法{萤蒽、苯并[b]荧蒽、苯并[k]荧蒽、苯并[a]芘、苯并[ghi]芘、茚并(1,2,3-cd)芘等}	0.0004～0.016μg/L	HJ 478—2009
64	多氯联苯	GC/MS法	0.6～1.4ng/L	文献[1]
65	三氯乙醛	1. 气相色谱法	0.3ng/L	文献[1]
		2. 吡唑啉酮光度法	0.02mg/L	文献[1]
66	可吸附有机卤素（AOX）	1. 微库仑法	0.05mg/L	GB 15959—1995
		2. 离子色谱法	15μg/L	文献[1]
67	总硝基化合物	1. 分光光度法		《水和废水监测分析方法》系列标准之一
		2. 气相色谱法	0.005～0.05mg/L	HJ 592—2010
68	非离子氨	1. 纳氏试剂分光光度法	0.025mg/L	HJ 535—2009
		2. 水杨酸分光光度法	0.008～0.01mg/L	HJ 536—2009
69	挥发酚	蒸馏后4-氨基安替比林分光光度法（氯仿萃取法）	—	GB 11903—1989

序号	监测项目	分析方法	最低检出浓度（量）	备注
70	阴离子表面活性剂	亚甲蓝分光光度法	0.05～2.0mg/L	GB/T 7494—1987
71	总大肠菌群	1. 多管发酵法	—	GB 5750.1～5750.13
		2. 滤膜法	—	GB 5750.1～5750.13
72	臭和味	臭气和尝味法	—	文献[2]
73	浑浊度	1. 分光光度法	3NTU	GB 13200—1991
		2. 目视比浊法	1NTU	GB 13200—1991
		3. 浊度计法	1NTU	文献[1]
74	pH 值	玻璃电极法	0.1(pH 值) 0.01(pH 值)	GB 6920—1986
75	溶解性总固体	重量法	4mg/L	GB/T 11901—1989
76	总矿化度	重量法	4mg/L	文献[1]
77	全盐量	重量法	10mg/L	HJ/T 51—1999
78	电导率	电导率法	1μS/cm(25℃)	文献[1]
79	溶解氧	1. 碘量法	0.2mg/L	GB 7489—1987
		2. 电化学探头法	—	HJ 506—2009
80	高锰酸钾指数	1. 酸性高锰酸钾氧化法	0.5mg/L	GB 11892—1989
		2. 碱性高锰酸碱氧化法	0.5mg/L	GB 11892—1989
		3. 流动注射连续测定法	0.5mg/L	文献[1]
81	生化需氧量	1. 稀释与接种法	2mg/L	HJ 505—2009
		2. 微生物传感器快速测定法	—	HJ/T 86—2002
82	挥发性酚类	1. 4-氨基安替比林萃取法	0.002mg/L	HJ 503—2009
		2. 蒸馏后溴化容量法		HJ 502—2009
83	石油类	1. 红外分光光度法	0.01mg/L	HJ 637—2018
		2. 非分散红外光度法	0.02mg/L	HJ 637—2018
84	亚硝酸盐氮	1. N-(1-萘基)-二乙胺光度法	0.003mg/L	GB 7493—1987
		2. 离子色谱法	0.05mg/L	文献[1]
		3. 气相分子吸收法	5μg/L	文献[1]
85	阴离子表面活性剂	1. 电位滴定法	5mg/L	GB 13199—1991
		2. 亚甲蓝分光光度法	0.05mg/L	GB 7494—1987

附录Ⅳ 地下水污染修复案例汇总表

各修复方法指代：Ⅰ——生物法，Ⅱ——渗透墙法，Ⅲ——抽提法，Ⅳ——氧化还原法，Ⅴ——热解吸法，Ⅵ——空气蒸汽注射法，Ⅶ——热传导加热技术，Ⅷ——土壤淋洗技术，Ⅸ——循环井工艺，Ⅹ——自然修复法，Ⅺ——植物修复法，Ⅻ——工业遗产与绿地交织方法。

各污染物种类指代：OAP——有机醇酚类，OX——其他有机烯烃，OO——有机饱和烯烃，OH——有机卤代烃，OA——有机芳烃，OAP——有机醇酚类，OX——其他有机类，IS——无机盐，IAB——无机酸碱，IHM——无机重金属，Ⅸ——无机其他类。

序号	修复方法	国家/地区	污染物	初始浓度	水文地质	修复周期	修复效果	文献来源
1-Ⅰ-OA	生物法——曝气强化生物处理法	美国，加利福尼亚州，范登堡空军基地	1,4-二噁烷	1090μg/L	地下水潜水层深度8~23ft，地下水层位于35ft左右，深层地下水在65ft处，土壤渗透性能较差，深层为黏土层、砾石及沉淀层	245天	处理后地下水中污染物浓度<2μg/L	[1]
2-Ⅰ-OH	原位生物法	美国，马萨诸塞州	氯乙烯	2~27μg/L	细砂和粉砂，包含片状的粗砂、砾石，粉砂和黏土；地下水流速0.5ft/d，地下水中有机碳含量30mg/L	3~4年		[2]
3-Ⅰ-OH	原位生物法+渗透性反应墙技术	美国，加利福尼亚州	氯乙烯	100~1000μg/L	沙与砾石、砂岩含水层构成的冰川沉积层2~19m，下层为钙质淤泥与泥炭层，地下水潜水层深度3~4.5m，地下水流动平均线速度为0.15~0.3m/d	5年	修复后氯乙烯浓度≤10μg/L	[3]

序号	修复方法	国家/地区	污染物	初始浓度	水文地质	修复周期	修复效果	文献来源
4-I-OA	原位生物修复技术	美国、加利福尼亚州	汽油污染（甲基叔丁基醚-苯系物）	MTBE 1000~10000μg/L，MTBE~BTEX 1000μg/L，TBA 1000μg/L	目标浅水含水层为非承压层，包气带含少量带的砂砾和填土质，再往下为疏松的黏土、粉土和沙子	2年零2个月	<10μg/L	[4]
5-I-IHM	回收利用、安全填埋、泥土清洗和生物降解	英国、伦敦	重金属、大量有毒工业溶剂	1×10^6 m³ 的受污染泥土	基岩	4年	较好，对固石油开采引起的场地地污染修复工程具有指导意义	[5]
6-I-OA	原位悬浮床生物修复技术	美国	苯并[a]芘，氯乙烯和苯，还有砷和PCBs	总污染物浓度高 400~5000mg/kg	未说明	22个月	处理后污染物浓度为7~43mg/kg，污染去除率95%	[6]
7-I-IS	用HRC进行降解	美国、加利福尼亚州	高氯酸盐、火箭推进剂（六价铬，三氯甲烷）	面积约为1200ft²	含水层主要由粉砂组成，地下水以每天约0.07ft的速度向西北方向流动	100天左右	好	[7]
8-II-IX	硫酸盐/铁还原法PRB	美国、华盛顿州	砷	5000μg/L	上表层为湿地腐殖土，中间为地质沉积层，含有大量砂石和黏土，厚度4.5~9.1m，底层为黏土层，水力梯度100ft/d，平均渗流流速3.3m/a	25个月	通过PRB后有97%的砷被截留还原	[8]

序号	修复方法	国家/地区	污染物	初始浓度	水文地质	修复周期	修复效果	文献来源
9-Ⅱ-IHM	渗透性反应墙技术	美国	酸性含铬废物和有机溶剂	约13230m³	含水层上部2m为砂质粉性黏土	约20年	该工程对Cr⁶⁺和TCE的去除效果明显，满足修复要求并通过环保局的修复验收	[9]
10-Ⅱ-Ⅸ	可注入型磷灰石渗透性反应墙技术	美国，华盛顿州	放射性⁹⁰Sr	100~280pCi/g	地下水流速0.03~0.6m/d	4年	修复后地下水中放射性物质浓度降低了98%	[10]
11-Ⅱ-Ⅸ	渗透性反应墙技术	美国，特拉华州	锌和钡	100~1000μg/L，4000~8000μg/L	溶质运移以对流作用为主，伴有弥散、吸附、挥发等作用	3年	9μg/L，1000μg/L	[11]
12-Ⅱ-IAB	渗透性反应墙技术	中国，傍河水源地	氨氮	2~10mg/L	研究区地层岩性结构特征为除表层分布有4m左右的亚砂土和壤土外，岩层岩性为中粗砂及粗砂夹卵砾石，在粗砂夹卵砾石的岩层中有不连续的黏土层分布，靠近浑河处厚度1~2m，随着距浑河距离变远，厚度可增加至5m；浑河岸场地下40m处有黏土层且连续分布；区内潜水含水层底板位于埋深40m处，含水层水位埋深30m，下伏有效厚度4~6m；该潜水含水层主要受浑河补给，是氨氮超标的主要含水层	长期	0.5mg/L	[12]

序号	修复方法	国家/地区	污染物	初始浓度	水文地质	修复周期	修复效果	文献来源
13-Ⅱ-Ⅸ	渗透性反应墙技术	美国	硝酸、铀、锝	污染严重，未具体说明	由未固结的黏土和上覆的页岩构成。黏土的渗透性非常低（约$4×10^{-7}$in/s），但是页岩上方的风化基岩通常具有较高的渗透率（局部高达$4×10^{-4}$in/s）。地下水的深度为$10～15$ft，浅层单层含水层厚度为$10～20$ft	未说明	可同时去除某些放射性核素（如U和Tc）以及HNO_3	[13]
14-Ⅱ-IHM	渗透性反应墙技术	美国、北卡罗来纳州	六价铬和三氯乙烯	10.00mg/L、6.00mg/L	未说明	6年	0.01mg/L、0.005mg/L	[14]
15-Ⅱ-Ⅸ	渗透性反应墙技术	美国、犹他州	铀	12.21mg/L	场地底部为弱渗透性黏土，覆盖地从上到下分别为植被层、0.3m厚泥碳层、0.9m厚黄土层、2.0m厚废石层、0.3m厚的石灰层	5个月	0.003mg/L	[15]
16-Ⅱ-Ⅸ	渗透性反应墙技术	美国、犹他州	砷、锰、铝、铀、钒	10μg/L、308μg/L、62.8μg/L、396μg/L、395μg/L	场地下边有一个浅的无边界的含水层，基岩埋深为$3～10$m，存在一个泥岩和粉砂岩混合成的低渗透区，分隔浅层含水层和深层含水层；水流速189L/min，饱水层厚度3m	长期	0.2μg/L,117μg/L、17.5μg/L、0.24μg/L、1.2μg/L	[11]
17-Ⅱ-OA	构筑地下防渗墙	中国、兰州市	苯	修复面积约$4.95×10^4$m²	自流沟	若干年	为石油炼化企业提供可借鉴的经验和技术	[16]
18-Ⅱ-OH	空气吹脱法、热氧化技术,反渗透技术	美国、加利福尼亚州	氯代烃类	每天处理水量为6000m³	无	2年	好	[17]

序号	修复方法	国家/地区	污染物	初始浓度	水文地质	修复周期	修复效果	文献来源
19-Ⅱ-IHM	原位氧化还原渗透性反应墙技术	加拿大温哥华与美国华盛顿边境	六价铬	192μg/L	场地水动力条件变化较大,主要以对流扩散和弥散为主;气候、温度等因素影响较小	4个月	处理后六价铬浓度为0.01μg/L,污染物去除率为99.9%	[11]
20-Ⅱ-OH	零价铁-黏土混合物原还原法渗透墙技术	美国,南加州	绿化溶剂-三氯乙烯、1,2-四氯乙烷等)		土壤由细砂层间淤泥构成;地下水深度2m左右,污染深度8.5m	39个月	一年后土壤中有机溶剂去除率达到97%,地下水中有机物去除率81%	[4]
21-Ⅲ-OH	原位修复——抽出处理	美国,卢博克市	TCE	100~1000mg/L	潜水层深度100ft	15年	修复后TCE浓度低于5μg/L	[5]
22-Ⅲ-OO	双相抽提法	中国,华东	LNAPLs层	LNAPLs层厚度为5~65cm,污染面积约350m²	修复场地浅层地质基本情况:0~0.9m深度以混凝土为主;0.9~2.0m深度以粉质黏土为主、夹杂碎石;2.0~3.0m深度为粉质黏土、潮湿;2.0~3.0m深度至饱水状态;3.0~5.0m深度为砂质粉土。饱水;潜水位在地下1.8~2.2m,流向为由东向西,水力梯度约为0.5%;现场粉质黏土层横向渗透系数为0.012m/d(折合$1.4×10^{-5}$cm/s),砂质粉土层横向渗透系数为0.15m/d(折合$1.74×10^{-4}$cm/s)	25天	处理后LNAPLs层的厚度小于1cm,污染物的去除率为99.9%	[18]

序号	修复方法	国家/地区	污染物	初始浓度	水文地质	修复周期	修复效果	文献来源
23-Ⅲ-OH	多相抽提法	美国，弗吉尼亚州	四氯乙烯（PCE）、三氯乙烯（TCE）、挥发性有机物（VOCs）	1300μg/L、290μg/L、1800μg/L	土壤颗粒大小随深度增加而增大，从粉质黏土、细砂逐渐变化到粗砂及砂砾薄夹层；含水层埋深为10～15ft；含水层浅处为低渗透区，深处为高渗透区，低渗透区中也包含一些局部高渗透区，高渗透区主要由砂和碎石层组成；上层的导水系数为374～504ft²/d，东北方向的水力梯度比较平均，在0.001～0.002范围内	384天	均降低到5μg/L以下	[17]
24-Ⅲ-OA	多相抽提（MPE）结合原位化学氧化（ISCO）的联合修复技术	中国，上海	总石油烃，多环芳烃（苯并[a]芘和苯并[a]蒽）以及苯系物（乙苯和1,2,4-三甲苯）	浓度分别为130386μg/L、22μg/L、248μg/L、459μg/L、819μg/L	该场地土层剖面从上至下依次为：0～1.0m：填土，主要为粉质黏土，含建筑垃圾，干燥至潮湿，松散；1.0～3.0m：砂质粉土，潮湿，松散，饱和，可塑；3.0～5.0m：粉质黏土，软，湿至饱和。根据土工试验，场地粉质黏土层横向渗透系数为0.015m/d，砂质粉土层横向渗透系数为0.15m/d；场地潜水含水层水位埋深在0.8～1.2m，流向为西北向，主要通过大气降雨补给，通过蒸发和地下渗透方式排泄，水力坡度约0.2%	未说明	处理后各污染物浓度为210～290μg/L、<2μg/L、<5μg/L、<5μg/L、<5μg/L	[19]
25-Ⅲ-OA	多相抽提技术	中国	甲苯	甲苯LNAPLs层厚度为7.8～64.1cm，涉及区域350m²	由上至下分别为混凝土、粉质黏土且夹杂碎石、粉质黏土饱和，湿至饱和，粉质黏土且潮湿至饱和，场地潜水且润为由东向西	2年	达到修复目标	[20]

序号	修复方法	国家/地区	污染物	初始浓度	水文地质	修复周期	修复效果	文献来源
26-Ⅱ-OA	抽出-处理,土壤蒸气抽提和生物降解相结合的方法	美国,某汽车制造厂	BTEX和总石油烃(TPH)	形成了一个4800gal的污染池	场地地质是非均匀的,由非黏性沉积层和黏性沉积层相互交替而成;在地下16ft处存在一个黏土层,并存在一横穿过分场地的较浅的黏土层;在较浅的黏土层上方有一上层滞水含水层,下方的饱和带穿过整个场地	21个月	回收了9%的污染物,使用抽出处理、土壤蒸气抽提和生物降解相的污染物各占13%、59%和28%	[21]
27-Ⅲ-IHM	地下水抽出处理-土壤原位淋洗	中国,唐山	六价铬	地下水中共约赋存Cr^{6+}约43.13kg	研究区地层为第四系上更新统及其以前的冲洪积沉积物,其岩性主要为粉质黏土、细中砂等,下伏基岩以斜长片麻岩为主,研究区主要含水层为太古界片麻岩风化裂隙水,第四系松散孔隙水,含水层分布较薄,赋存的地下水量有限	5个月	处理后污染物浓度低于检测限	[22]
28-Ⅲ-IS	水利截获技术	中国,山东	硫酸盐	超过10000mg/L	未说明	3个月	不超过300mg/L,污染物去除率达到97%	[23]
29-Ⅲ-OH	抽提井工艺	美国,新泽西州	DNAPLs池覆盖的面积2750ft²的面积,厚约3ft,主要成分为1,1,1-三氯乙烷和四氯化碳	500μg/L	污染场地有10~15ft厚的细砂,沉积在明显分层的黏土层上;沉降坑的底部比明显分层的黏土高近2ft;含有DNAPLs油污池的砂子的孔隙度为0.31,DNAPLs的饱和度为0.53	24个月	回收率高达93%~94%	[18]

序号	修复方法	国家/地区	污染物	初始浓度	水文地质	修复周期	修复效果	文献来源
30-Ⅲ-OA	抽出处理入法、空气体注入法、土壤气抽除法、现地化学氧化法	中国，台湾	总石油碳氢化合物及苯	苯0.596mg/L，总石油碳氢化合物5.880mg/kg	1~6m为粉质砂土，6m以下为原生土层，地下水位1.6~2.8m	2年	污染改善效果甚佳	[8]
31-Ⅲ-OH	土壤气相抽提法	美国，落基山	三氯乙烯	土壤蒸汽中的体积浓度65×10^{-6}ppm	地下13~28尺(1尺=0.33m)为黏土层	6个月	体积浓度<1×10^{-6}ppm	[6]
32-Ⅲ-OH	蒸汽注射与抽提技术	美国，佛罗里达州	三氯乙烯(TCE)、二氯乙烯(DCE)和石油烃	未说明		4年	TCE及DCE去除率均达到90%，总经去除量约14970kg	[24]
33-Ⅲ-OH	注射抽提技术	美国，佛罗里达州	顺-1,2-二氯乙烯	260mg/L	未说明	未说明	52mg/L	[24]
34-Ⅲ-OH	抽提处理技术	中国	二氯甲烷、甲苯	275t/d	冲积层地质	3年	二氯甲烷的浓度降96.9%~99.7%，完成对甲苯去除目标	[25]
35-Ⅲ-OA	抽出处理——P&T技术系统修复	比利时，Albert运河	BTEX	200mg/L	未说明	5年	处理后有机物含量低于0.15mg/L	[26]
36-Ⅲ-OA	新土填充、地下水抽提技术、回灌技术	中国，常州市	苯、甲苯等有机物	需修复地下水面积71300m²，需抽取污染地下水总量为62×10^4m³	大通河以北，龙游河以西	3年	较好	[7]

序号	修复方法	国家/地区	污染物	初始浓度	水文地质	修复周期	修复效果	文献来源
37-Ⅲ-OH	抽出处理—氧化，双氧水/紫外线氧化法	美国，加州北部	TCE、1，2-DCE、1，1-DCE、氯乙烯	14μg/L、0.8μg/L、18μg/L、0.5μg/L	未说明	未说明	两种方法处理后各种污染物浓度均低于0.5μg/L	[7]
38-Ⅲ-OX	抽出处理—臭氧/紫外线氧化法	美国，罗斯威尔	甲基叔丁基醚(MTBE)	$5.6×10^4$mg/L	未说明	未说明	水中污染物去除率达97%	[27]
39-Ⅲ-OA	多相抽提技术、原位化学氧化法	中国，上海	有机复合污染物(石油烃、苯系物、多环芳烃)	总石油烃30386μg/L，苯并芘22μg/L，苯并[a]蒽248μg/L，乙苯459248μg/L，1,2,4-三甲苯816μg/L	粉质黏土，砂质粉土，主要通过大气降雨补给	45天	总石油烃210~220μg/L，苯并芘<2μg/L，苯并蒽<5μg/L，乙苯<5μg/L，1,1,2-三甲苯<5μg/L	[19]
40-Ⅳ-OA	原位化学氧化、原位地下固化稳定化、原位热脱附、原位异位间接热脱附	中国，南方某市	邻甲苯胺、1,2-二氯乙烷、1,2-苯并[a]芘、2,6-二硝基甲苯、2,4-二硝基甲苯、砷、镍	地下水修复工程量8292m³	无	240天	达到修复目标值	[27]
41-Ⅳ-OH	原位修复、化学氧化法，所用氧化剂为高锰酸钾	美国，加利福尼亚州	三氯乙烯、1,1-二氯乙烯	45μg/L，700μg/L	蓄水层沉积物主要为粉质砂质和砂质粉土，地下水流方向为西北方向	6个月	<1.0μg/L	[28]
42-Ⅳ-IHM	化学氧化还原技术	中国	Cr(Ⅵ)	地下水修复面积187m²	无	45天	地下水中Cr(Ⅵ)达到修复目标值	[27]

序号	修复方法	国家/地区	污染物	初始浓度	水文地质	修复周期	修复效果	文献来源
43-IV-OA	原位修复，化学氧化法，所用氧化剂为Fenton试剂	美国	苯系物(BTEX)、石油烃(TPH)	2000μg/L，65000μg/L	蓄水层沉积物主要为粉土，少量低渗透性黏土	未说明	BTEX为240μg/L，TPH为4300μg/L，BTEX的平均去除率为96%，TPH的平均去除率为93%	[25]
44-IV-OO	原位化学氧化法、气象抽提技术	中国	挥发性有机物/半挥发性有机物	未说明	地层由上至下为杂填土层、粉质黏土层、粉砂夹粉质黏土层	未说明	均达到修复效果	[29]
45-IV-IS	原位化学氧化技术、原地异位化学氧化技术、地下水原位化学氧化技术、水平可渗透反应墙技术	中国	氧化物	氧化物的分布呈互不相连的块状，地表投影面积100~400m²	未说明	10个月	达到环保局对各污染物的验收标准	[30]
46-IV-OH	原位化学氧化	中国，江苏	含卤有机物等	未说明	未说明	未说明	达到环境质量要求	[31]
47-IV-IS		美国，加利福尼亚州	高氯酸盐、硝酸盐	100mg/kg，5mg/kg	表层为淤泥和黏土，地下20m以上为疏松土壤，深42m，pH=6.9~8.1	8个月	高氯酸盐及硝酸盐去除率均达到90%以上	[32]
48-IV-OA	原位化学氧化法	中国，某加油站	苯、甲苯与萘	6.76mg/L，41.2mg/L，0.572mg/L	场地内土壤地质情况为：0~1m为杂填土，1~3m为黏土，下夹杂粉土与黏土；地下水流大致为东北往西南方向流动，水力传导系数约介于10^{-4}~10^{-5}cm/s	数月	均未达到检测限	[33]

序号	修复方法	国家/地区	污染物	初始浓度	水文地质	修复周期	修复效果	文献来源
49-IV-IS	原位化学氧化法	美国,内布拉斯加州	环三亚甲基三硝胺	210μg/L	地下土壤为沙地,上层细沙深度15.2m。下层粗沙深13.7m,渗透系数4~20m/d	约125年	在中试测试点中RDX浓度降低70%~80%	[34]
50-IV-IS	曝气氧化法	中国,湖南	硫酸锰	处理量为24m³/h	长江水系,湘江支流,侵蚀堆积地,主要为冲击物	若干年	具有一定的使用价值,可作为相似问题的参考	[35]
51-IV-OAP	循环氧化-原位生物处理法	美国,加利福尼亚州	叔丁醇(TBA)	500μg/L	渗透系数5.2~27.1m/d,平均孔隙率0.34,地下水平均流速0.5m/d	14个月	经修复后地下水中探测不到TBA含量	[3]
52-IV-OA	臭氧氧化曝气法	美国	苯,甲苯,乙苯,二甲苯,萘	780μg/L,2100μg/L,230μg/L,2300μg/L,370μg/L	黏土,沙土混合层;滞水层深度1.83m,污染地下水深度24.4m	3年	处理后地下水中监测到的各种污染物含量分别为74μg/L,140μg/L,22μg/L,63μg/L,除苯以外均达到严格地下水标准	[20]
53-IV-OA		美国	苯,乙苯,甲苯,二甲苯,1,2-二氯乙烷,萘	15000μg/L,4300μg/L,33000μg/L,20200μg/L,440μg/L,520μg/L	细沙土及粉沙土混合层;地下滞水层深度3.66m,污染水深度5.49m	6个月	经六个月的治理处理,地下水中各种污染物监测值分别为75μg/L,90μg/L,200μg/L,650μg/L,ND,1100μg/L	[20]

序号	修复方法	国家/地区	污染物	初始浓度	水文地质	修复周期	修复效果	文献来源
54-Ⅳ-OA	臭氧氧化曝气法	美国	苯、乙苯、甲苯、二甲苯、萘	270μg/L，1100μg/L，3600μg/L，4900μg/L，430μg/L	粗砂质土壤；地下水潜水层深度 5.49m	16个月	处理后地下水中各污染物浓度分别为 33μg/L、760μg/L、1000μg/L、2250μg/L、1200μg/L	[20]
55-V-OA	热解吸法	美国、新泽西州	多氯联苯（PCBs）、双黄原酸乙基邻苯二甲酸盐（BEHP）、3,3-二氯联苯胺	最高含量为 4000mg/kg	未说明	15个月	处理后多氯联苯、双黄原酸乙基邻苯二甲酸盐的浓度降为 0.16mg/L、0.37mg/kg，3,3-二氯联苯胺低于检测限	[6]
56-V-OH	原位热解析（ISTD）	美国、纽约	四氯乙烯（PCE）	未说明	砂砾土及沙质粉土（沉积沙和砾石）、粉砂薄层黏土，孔隙率35%；地下水位深度 5~6m，水流速度 40m/d，预测渗流速度 0.6~2.3m/d	5 年（2010~2015）	去除了 1406kg 四氯乙烯以及 4802kg 石油相关混合物，PCE浓度由 57kg/a 降低到 0.07kg/a	[25]
57-V-OH		美国、俄亥俄州	TCE、PCE、1,1,1-TCA	99.7mg/kg，1.51mg/kg，31.9mg/kg	粉质黏土及砂砾含水层；上层潜水带深度 0.6~1.2m，水层深度 7.5m，渗流速度 6~12m/d	10 年	水中各项污染物含量低于 5μg/L，达到饮用水标准，去除率：TCE 为99.9%，1,1,1-TCA 为99.9%，PCE 为 76.0%	[29]

序号	修复方法	国家/地区	污染物	初始浓度	水文地质	修复周期	修复效果	文献来源
58-V-OH	原位热解析	美国,纽约,锡拉丘兹	PCE	2864mg/kg	黏土泥灰/泥灰混合淤泥,黏土和沙子;地下水平均流速 0.008～0.13m/d	污染源土壤治理 11 个月,持续修复与监测 12 年	回收 PCE 3900kg,PCE 浓度降低 4.2mg/kg,回收率 99.9%	[29]
59-V-OH		丹麦,Reerslev DK	PCE	78mg/kg	表层到地下水层依次为:填土,黏土和黏土泥灰岩混合的泥炭层,混合粉质黏土、粉土,砂和砾石,淤泥层;地下水渗流速度 5.1m/s	污染源土壤治理 169d,后期治理 22 个月	回收 PCE 2400kg,处理后浓度 0.01mg/kg,处理效率 99.9%～100%	
60-V-OH		丹麦.Knullen	PCE	337mg/kg	上层为黏土及填埋土层,下层为砾石和砂石层;地下水渗流速度 0.01～0.02m/s	污染源去除施工 107 天,后期地下水中残留 PCE 处理 6 年	去除 PCE 共计 3500kg,处理后浓度降低到 0.55mg/kg,去除率 99.8%	
61-V-OO		美国,新泽西州	氯化挥发性有机化合物 CVOCs	10～10000mg/kg	上层为人工填土层 1.2m,接着是沙土层,厚度在 3～5m,底层为黏土及淤泥混合层;地下水位深度约为 0.8m	9 个月	13400kg 挥发性有机物被去除,达到州立标准,挥发性有机物浓度低于 1mg/kg	[30]
62-V-OH		美国,洛杉矶	PCE, TCE, cis-1,2-DCE, VC	270000μg/kg, 33000μg/kg, 87000μg/kg, 3300μg/kg	上层 1.5m 为填埋沙土,下层为沉积淤泥层	110 天	处理后PCE浓度为 0.012mg/kg,去除率达到 99.99%,其他污染物去除率在 98%以上.	[31]

序号	修复方法	国家/地区	污染物	初始浓度	水文地质	修复周期	修复效果	文献来源
63-Ⅵ-OA	原位抽提—原位电阻加热蒸汽提取修复	英国,金斯顿	苯、甲苯、乙苯、二甲苯	1670μg/L,3630μg/L,9470μg/L,40500μg/L	相对均匀,渗透性疏松的沉积物(混合砂、砾石粉砂、石油等)	120天,后期监测730天	未说明	[36]
64-Ⅵ-OH		未说明	三氯乙烯	285000μg/L	渗透性沉积层,夹着高透过率的沉积物	221天,后期地下水质监测2202天	未说明	
65-Ⅵ-OH		未说明	氯乙烯、1,1-二氯乙烷、1,2-二氯乙烷、三氯乙烷	8140μg/L,15100μg/L,13700μg/L,42000μg/L	高渗透性土壤,含有部分低透率的沉积层	120天	未说明	
66-Ⅵ-OH		未说明	氯乙烷、三氯乙烷、1,3,5-三甲基苯	5800μg/L,30000μg/L,17000μg/L,88μg/L	高渗透性的沉积沙石土,部分低渗透性的沉积层	108天,后期水质监测186天	未说明	
67-Ⅵ-OH		未说明	氯乙烯、三氯乙烯、三氯乙烷、四氯乙烯	1400μg/L,224000μg/L,541000μg/L,18600μg/L,2240000μg/L	高渗透性的沉积沙石土,部分低渗透性的沉积层	242天,后期水质监测365天	未说明	
68-Ⅵ-OH	原位空气注射法	美国,得克萨斯州	PCE、TCE、DCE	41000mg/L	渗透性沙土	前期曝气7.5个月,后期监测2个月	污染物去除率大于97%	[37]
69-Ⅵ-OH		美国,马萨诸塞州	TCE、1,1-DCE、1,1,1-TCA	7190mg/L	土壤为紧细泥沙	前期曝气8个月,后期监测1个月	污染物去除率大于95%	

序号	修复方法	国家/地区	污染物	初始浓度	水文地质	修复周期	修复效果	文献来源
70-Ⅵ-OH	原位空气注射法	美国，印地安纳州	TCE，1，1-DCE，1，1，1-TCA，DCA	542mg/L	沙土及砾石混合层	前期曝气18个月，后期监测4个月	污染物去除率97%	
71-Ⅵ-OH		美国，威斯康星州	TCE	670mg/L	沙性土壤	前期曝气15个月，后期监测4个月	污染物去除率98.5%	
72-Ⅵ-OH		美国，纽约	TCE，1，1，1-TCA	45550mg/L	良好及中性沙土	前期曝气26个月，后期监测6个月	污染物去除率93%	
73-Ⅵ-OH		美国，阿拉斯加	PCE，1，1，1-TCA	71960mg/L	未说明	前期曝气14个月，后期监测9个月	污染物去除率99%	[37]
74-Ⅵ-OH		美国，加利福尼亚州	1，1-DCE，1，1-TCA	9860mg/L	分级细沙土壤	前期曝气3.5个月，后期监测7.5个月	污染物去除率82.5%	
75-Ⅵ-OH		美国，马萨诸塞州	1，1-DCE，1，1-TCA，PCE	247mg/L	沙性土壤	前期曝气7个月，后期监测1.5个月	污染物去除率91.1%	
76-Ⅵ-OA		美国，纽约	BTEX	18500mg/L	未说明	前期曝气15个月，后期监测1个月	污染物去除率大于99.9%	

序号	修复方法	国家/地区	污染物	初始浓度	水文地质	修复周期	修复效果	文献来源
77-Ⅵ-OA	原位空气注射法	美国，新罕布夏	BTEX	24000mg/L	未说明	前期曝气47个月，后期监测20个月	污染物去除率大于99.9%	
78-Ⅵ-OA		美国，佛罗里达州	BTEX	13068mg/L	沙性土壤	前期曝气4个月，后期监测7个月	污染物去除率大于99.9%	
79-Ⅵ-OA		美国，佛罗里达州	BTEX，MTBE	3413mg/L，230mg/L	沙性土壤	前期曝气4个月，后期监测6个月	污染物BTEX去除率大于99.9%污染物MTBE去除率大于97.8%	[37]
80-Ⅵ-OA		美国，马萨诸塞州	BTEX	25200mg/L	均匀沙土	前期曝气11个月，后期监测12个月	污染物BTEX去除率大于99.9%	
81-Ⅵ-OA		美国，新墨西哥州	BTEX，MTBE	64mg/L，1600mg/L	砾质砂石土壤	前期曝气19个月，后期监测13个月	污染物BTEX未检测到，污染物MTBE去除率大于98.3%	
82-Ⅵ-OA		美国，纽约	BTEX	14000mg/L	良好质地沙土	前期曝气17个月，后期监测10个月	污染物去除率96%	

序号	修复方法	国家/地区	污染物	初始浓度	水文地质	修复周期	修复效果	文献来源
83-Ⅵ-OA	原位空气注射法	美国，加利福尼亚州	BTEX	2760mg/L	沙性土壤	前期曝气23个月，后期监测5个月	污染物去除率94.3%	[37]
84-Ⅵ-OA		美国，马萨诸塞州	BTEX	25000mg/L	中等粒度沙石及细砂·含有淤泥层	前期曝气13个月，后期监测8个月	污染物去除率86.4%	
85-Ⅵ-OA		美国，缅因州	汽油，BTEX，MTBE	210000mg/L，198000mg/L，62000mg/L	细砂土壤及淤泥层	前期曝气14.5个月，后期监测6.5个月	污染物去除率90%以上	
86-Ⅵ-OA		美国，加利福尼亚州	苯、BTEX，TPH-G	8700mg/L，16500mg/L，34000mg/L	未说明	前期曝气12个月，后期监测2个月	污染物去除率97%以上	
87-Ⅵ-OA		美国，阿拉斯加	BTEX，TPH	1970mg/L，3600mg/L	未说明	前期曝气37个月，后期监测17个月	污染物去除率97%以上	
88-Ⅵ-OA		美国，加利福尼亚州	BTEX，TPH	24mg/L，240mg/L	粉沙中含砂质土壤，地下水位在淤泥层6个月	前期曝气6个月，后期监测6个月	污染物去除率99%	
89-Ⅵ-OA		美国，肯塔基	苯，BTEX	12000mg/L，43000mg/L	上层沙土，下层为黏土层	前期曝气10个月，后期监测2个月	污染物去除率98.4%	

序号	修复方法	国家/地区	污染物	初始浓度	水文地质	修复周期	修复效果	文献来源
90-Ⅵ-OA		美国，纽约	BTEX	34450mg/L	沙质土壤及淤泥沉积层	前期曝气20个月，后期监测3个月	污染物去除率81%	
91-Ⅵ-OA		美国，新罕布夏	BTEX	37110mg/L	细致及中等粒度砂砾	前期曝气20个月，后期监测9个月	污染物去除率88%	
92-Ⅵ-OO		美国，纽约	BTEX	3270mg/L	细致及中等粒度砂砾	前期曝气13个月，后期监测1个月	污染物去除率99.8%	
93-Ⅵ-OO	原位空气注射法	美国，佛罗里达州	TPH	5322mg/L	沙质土壤	前期曝气2个月，后期监测9个月	污染物去除率84.5%	[37]
94-Ⅵ-OA		美国，加利福尼亚州	TPH，苯	10000mg/L，280mg/L	沙质土壤，含有低渗透率的片石	前期曝气16个月，后期监测7个月	污染物去除率90%	
95-Ⅵ-OA		美国，马萨诸塞州	BTEX	3900mg/L	良性沙石和淤泥层	前期曝气7个月，后期监测1个月	污染物去除率96.4%	
96-Ⅵ-OA		美国，马萨诸塞州	BTEX	51000mg/L	未说明	前期曝气5.5个月,后期监测6.5个月	污染物去除率94.9%	

序号	修复方法	国家/地区	污染物	初始浓度	水文地质	修复周期	修复效果	文献来源
97-Ⅵ-OA		美国，得克萨斯州	BTEX	24920mg/L	未说明	前期曝气25个月，后期监测5个月	污染物去除率92.45%	
98-Ⅵ-OA		美国，西弗吉尼亚州	BTEX、TPH	1307mg/L、18800mg/L	未说明	前期曝气12个月，后期监测2.5个月	污染物去除率92.6%	
99-Ⅵ-OA		美国，华盛顿DC	BTEX	14100mg/L	未说明	前期曝气18个月，后期监测13个月	污染物去除率99%	
100-Ⅵ-OO	原位空气注射法	意大利	TPH	24530mg/L	未说明	前期曝气8个月，后期监测1个月	污染物去除率96%	[37]
101-Ⅵ-OA		美国，马萨诸塞州	苯、MTBE	1230mg/L、215mg/L	未说明	曝气21个月	污染物苯99%，MTBE去除率46.5%	
102-Ⅵ-OA		美国，马萨诸塞州	BTEX	478mg/L	细致及中等粒度砂砾土壤	前期曝气18个月，后期监测9个月	污染物去除率99%	
103-Ⅵ-OA		美国，新罕布夏	BTEX	13123mg/L	未说明	前期曝气36个月，后期监测20个月	污染物去除率75.2%	

序号	修复方法	国家/地区	污染物	初始浓度	水文地质	修复周期	修复效果	文献来源
104-Ⅵ-OH	原位空气注射法	美国，威斯康星州	TCE、PCE	280mg/L	沙质土壤	前期曝气10个月，后期监测4个月	污染物去除率94.3%	[37]
105-Ⅵ-OH		美国，加州	MTBE、TBA、BTEX	10800mg/L	未说明	前期曝气33个月，后期监测15个月	污染物去除率99%	[38]
106-Ⅵ-OO		美国，缅因	燃料油	490mg/L	细砂及粗砂混合层	前期曝气31个月，后期监测3个月	污染物去除率77%	
107-Ⅵ-OA		美国，新泽西	BTEX	31000mg/L	紧密细腻泥沙	前期曝气19个月，后期监测25个月	污染物去除率70%	[37]
108-Ⅵ-OA		美国，纽约	BTEX	53200mg/L	中等粒度砂砾土壤	前期曝气12个月，后期监测19个月	污染物去除率56.5%	
109-Ⅵ-OA	空气注射法	中国·北京	苯	平均为23717.9μg/L	回填土层，黏质粉土层，黏土层，砂质潜水含水层，水位埋深13～4m	若干年	10μg/L	[39]
110-Ⅵ-OAP	蒸汽注射法	中国台湾	五氯酚	地下水中五氯酚浓度高达200mg/L以上	未说明	2个月	1mg/L	[26]

序号	修复方法	国家/地区	污染物	初始浓度	水文地质	修复周期	修复效果	文献来源
111-Ⅷ-OH	热传导加热技术	美国,加利福尼亚州	三氯乙烯	1100mg/L	未说明	148天	3.3~280mg/L	[24]
112-Ⅷ-OH	电阻加热技术	美国	三氯乙烯	110mg/L	未说明	175天	10mg/L,污染物去除率为99%	[24]
113-Ⅷ-OH	热传导加热技术	美国,加利福尼亚州	氯代溶剂	100~2850mg/kg	未说明	177天	下降到0.01~0.18mg/kg,污染物去除率为99.9%	[24]
114-Ⅷ-IHM	土壤淋洗技术	中国,青海	六价铬	浓度最大值1417mg/L	位于海晏盆地东北部山前冲积平原,地势较为平坦,当地场地年均降水量377.0mm;污染场地表层2m的土壤为黄土状土,渗透系数 10^{-3} cm/s,不利于扩散,挖掘后的场地以砾石层为主,渗透系数 10^{-1} cm/s,中层为砾砂,底层为圆砾;污染场地地质结构主要分布为黄土状土,砾砂,圆砾层,有很强的渗透性,同时地下水丰富	60天	处理后六价铬浓度为10.76mg/L,污染物去除率为99.2%	[40]
115-Ⅷ-OH	表面活性剂加强原位土壤淋洗系统	美国,北卡罗来纳州	四氯乙烯和烃类溶剂	40mL/m³	该场地埋深约16~20ft,为土壤浅层含水层,浅层水性的淤泥层底部为低渗水性的淤泥层	4个月	2mL/m³	[6]
116-Ⅸ-OO	循环井工艺	中国,某化工厂	挥发性有机物	80000μg/L	场地地势较高,土壤由淤泥和黏土组成,黏土和黏土组成,地下水埋深在10m左右,水力梯度较大	2个月	处理后污染物浓度为12000~56000μg/L	[41]
117-Ⅸ-OH	循环井工艺	中国,某工业干洗店	四氯乙烯	地下水中达到20000μg/L	该场地地土壤以淤泥质细砂,黏土为主	70天	79μg/L	[41]

序号	修复方法	国家/地区	污染物	初始浓度	水文地质	修复周期	修复效果	文献来源
118-Ⅹ-OH	回收井气提法加自然修复法	美国，金海岸	三氯乙烯、四氯乙烯	44000μg/L，1700μg/L	修复场地地下 10～45ft 深为锐钛矿，深度达4ft时，有一层很薄的肥沃土壤有机层，颜色呈黑褐色，厚度为2～4in，其下有一层白色至浅棕色的细砂；金海岸石油公司场地蓄水层的深度约120ft，该蓄水层由渗透性较好的迈阿密密蜜粒岩和锐钛矿形成，在低水力梯度下也能够以很高的输送速率传送大量的地下水	32个月	低于检测限	[42]
119-Ⅺ-OH	原位植物修复法	美国，得克萨斯州	三氯乙烯	未说明	该区域面积为38.4km²，主要由黏土、粉土、砂子和砾石组成的饱和冲积含水层，厚度在0.5～1.5m，冲积含水层的总厚度为1.8～4.5m，在含水层的下面主要是薄层石灰岩；地下水位于地表下2.4～4m，其中地下水的流动方向为从西北到东南，和杨树的种植方向相垂直	7年	含量下降	[43]
120-Ⅺ-OH	植物修复技术	美国，得克萨斯州	三氯乙烯	该地区面积为38.4km²	主要由黏土、粉土、砂子和砾石组成的饱和冲击古含水层，含水层下为薄层石灰岩	7年	较好，具有可行性	[32]
121-Ⅺ-Ⅸ	以客土覆盖为主、植物修复为辅	美国	锌金属污染	3000acre 山地（1acre≈4.047m²）	无	跨越三个世纪	较好	[5]
122-Ⅲ-1S	公园设计与其原用途紧密结合、工业遗产与生态绿地	德国	含砷或氯化物污染的地下水	400km 的污染带	无	若干年	修复效果好，并且为世界上其他旧工业区的改造树立了典范	[5]

注：表中 TPH 表示石油烃总量，Total Petroleum Hydrocarbons。

参考文献

[1] Lippincott D，Streger S H，Schaefer C E. Bioaugmentation and Propane Biosparging for In Situ Biodegradation of 1，4-Dioxane [J]. Groundwater Monitoring & Remediation，2015，35（2）：81-92.

[2] Begley J F，Czarnecki M，Kemen S. Oxygen and Ethene Biostimulation for a Persistent Dilute Vinyl Chloride Plume [J]. Ground Water Monitoring & Remediation，2012，32（1）：99-105.

[3] North K P，Mackay D M，Kayne J S. In situ Biotreatment of TBA with Recirculation/Oxygenation [J]. Ground Water Monitoring & Remediation，2012，32（3）：52-62.

[4] Olson M R，Sale T C，Shackelford C D. Chlorinated Solvent Source-Zone Remediation via ZVI-Clay Soil Mixing：1-Year Results [J]. Ground Water Monitoring & Remediation，2012，32（3）：63-74.

[5] Suthersan S，Carroll P，Schnobrich M. Cleaning Up a 3-Mile-Long Groundwater Plume：It Can Be Done [J]. Groundwater Monitoring & Remediation，2015，35（4）：27-35.

[6] 刘惠，陈奕. 有机污染土壤修复技术及案例研究 [J]. 环境工程，2015，（S1）：920-923.

[7] Boal A K，Rhodes C，Garcia S. Pump-and-Treat Groundwater Remediation Using Chlorine/Ultraviolet Advanced Oxidation Processes [J]. Groundwater Monitoring & Remediation，2015，35（2）：93-100.

[8] Beaulieu B，Ramirez R E. Arsenic Remediation Field Study Using a Sulfate Reduction and Zero-Valent Iron PRB [J]. Groundwater Monitoring & Remediation，2013，33（2）：85-94.

[9] Puls R W，Blowes D W，Gillham R W. Long-term Performance Monitoring for a Permeable Reactive Barrier at the U. S. Coast Guard Support Center，Elizabeth City，North Carolina [J]. Journal of Hazardous Materials，1999，68（1-2）：109.

[10] Vermeul V R，Szecsody J E，Fritz B G. An Injectable Apatite Permeable Reactive Barrier for In Situ 90Sr Immobilization [J]. Groundwater Monitoring & Remediation，2014，34（2）：28-41.

[11] 廖梓龙. 渗透反应栅（墙）应用案例与技术经济分析 [C]// 第二届土壤及地下水污染防治与修复技术高峰论坛. 中华环保联合会，2011.

[12] 侯国华. 傍河区地下水氨氮污染修复的 PRB 技术研究及工程有效性分析 [D]. 北京：中国地质大学（北京），2014.

[13] Field Applications of in situ Remediation Technologies：Permeable Reactive Barriers. Agency U. S. E. P.，Ed. Washington，D. C.，2002.

[14] 陆泗进，王红旗，杜琳娜. 污染地下水原位治理技术——透水性反应墙法 [J]. 环境污染与防治，2006，28（6）：452-457.

[15] 张学礼，徐乐昌，魏广芝. 用 PRBs 技术修复铀污染地下水的研究现状 [J]. 铀矿冶，2008，27（2）：64-70.

[16] Semkiw E S，Barcelona M J. Field Study of Enhanced TCE Reductive Dechlorination by a Full-Scale Whey PRB [J]. Ground Water Monitoring & Remediation，2011，31（1）：68-78.

[17] 吴秋萍，方运川. 地下水修复技术的发展与应用 [J]. 城市建设理论研究（电子版）＜2013，000（027）：1-16.

[18] 王磊，龙涛，张峰. 用于土壤及地下水修复的多相抽提技术研究进展 [J]. 生态与农村环境学报，2014，30（2）：137-145.

[19] 张晶，张峰，马烈. 多相抽提和原位化学氧化联合修复技术应用——某有机复合污染场地地下水修复工程案例 [J]. 环境保护科学，2016，42（3）：154-158.

[20] Nimmer M A，Wayner B D，Allen Morr A. In-Situ ozonation of contaminated groundwater [J]. Environmental Progress，2000，19 (3)：183-196.

[21] Fetter C W，费特，周念清. 污染水文地质学 [M]. 北京：高等教育出版社，2011.

[22] 张宝军，田西昭，白振宇. 铬污染场地铁碳微电解法原位修复实例研究 [J]. 水资源保护，2015，000 (005)：82-86.

[23] 周念清，代朝猛，赵姗. 一种硫酸盐污染场地地下水污染治理和土壤修复方法 [P].CN 104671385A，2015.

[24] 缪周伟，吕树光，邱兆富. 原位热处理技术修复重质非水相液体污染场地研究进展 [J]. 环境污染与防治，2012，034 (008)：63-68.

[25] Heron G，Bierschenk J，Swift R. Thermal DNAPL Source Zone Treatment Impact on a CVOC Plume [J]. Groundwater Monitoring & Remediation，2016，36 (1)：26-37.

[26] Compernolle T，Van Passel S，Lebbe L. The Value of Groundwater Modeling to Support a Pump and Treat Design [J]. Groundwater Monitoring & Remediation，2013，33 (3)：111-118.

[27] Patterson C L，Cadena F，Sinha R. Field Treatment of MTBE-Contaminated Groundwater Using Ozone/UV Oxidation [J]. Groundwater Monitoring & Remediation，2013，33 (2)：44-52.

[28] 李影辉. 美国有机污染场地化学氧化修复案例分析 [J]. 环境工程，2016，(S1)：965-969.

[29] Baker R S，Nielsen S G，Heron G. How Effective Is Thermal Remediation of DNAPL Source Zones in Reducing Groundwater Concentrations? [J]. Groundwater Monitoring & Remediation，2016，36 (1)：38-53.

[30] Heron G，Parker K，Fournier S. World's Largest In Situ Thermal Desorption Project：Challenges and Solutions [J]. Groundwater Monitoring & Remediation，2015，35 (3)：89-100.

[31] Heron G，Lachance J，Baker R. Removal of PCE DNAPL from Tight Clays Using In Situ Thermal Desorption [J]. Groundwater Monitoring & Remediation，2013，33 (4)：31-43.

[32] Evans P J，Fricke R A，Hopfensperger K. In Situ Destruction of Perchlorate and Nitrate Using Gaseous Electron Donor Injection Technology [J]. Ground Water Monitoring & Remediation，2011，31 (4)：103-112.

[33] 丁贞玉，张红振，马睿. 浅层地下水苯污染修复技术探讨 [J]. 环境保护科学，2015，041 (004)：33-37.

[34] Albano J，Comfort S D，Zlotnik V. In Situ Chemical Oxidation of RDX-Contaminated Groundwater with Permanganate at the Nebraska Ordnance Plant [J]. Ground Water Monitoring & Remediation，2010，30 (3)：96-106.

[35] 葛晓霞. 黄兴镇硫酸锰行业地下水污染及其治理研究 [D]. 长沙：湖南大学，2004.

[36] Triplett Kingston J L，Dahlen P R，Johnson P C. Assessment of Groundwater Quality Improvements and Mass Discharge Reductions at Five In Situ Electrical Resistance Heating Remediation Sites [J]. Ground Water Monitoring & Remediation，2012，32 (3)：41-51.

[37] Bass D H，Hastings N A，Brown RA. Performance of air sparging systems：a review of case studies [J]. Journal of Hazardous Materials，2000，72 (2)：101-119.

[38] 中国环境科学学会. 2016 年. 地下水汽油污染修复案例. http：//www. hbkp365. com/kpzs/bsg/2016-05-02-6647. html. 2016-05-02.

[39] 姜林，钟茂生，贾晓洋. 基于地下水暴露途径的健康风险评价及修复案例研究 [J]. 环境科学，2012，(10)：3329-3335.

［40］ 孙尧 . 铬污染场地原位淋洗技术研究与示范工程［D］. 重庆：重庆交通大学，2013.

［41］ 何允玉，王铎，郭都 . 地下水中挥发性有机污染物去除新技术——循环井工艺［J］. 资源节约与环保，2013，000（003）：37-38.

［42］ 李金惠，谢亨华，刘丽丽 . 污染场地修复管理与实践［M］. 北京：中国环境出版社，2014.

［43］ 熊善高，李洪远，丁晓 . 植物修复技术修复污染地下水的案例分析［C］//第六届海峡两岸土壤和地下水污染与整治研讨会 . 中国地质学会，中国生态学学会，中国土壤学会，中国环境科学学会，中国科学院，2012.